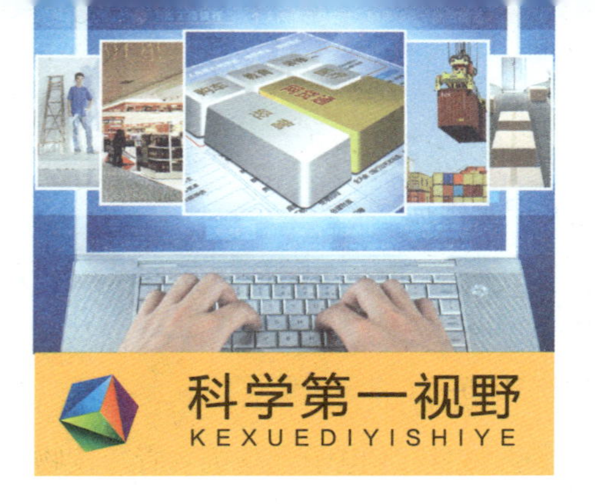

科学第一视野
KEXUEDIYISHIYE

[权威版]

电脑

DIANNAO

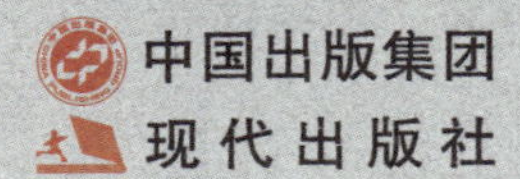

中国出版集团
现代出版社

图书在版编目（CIP）数据

电脑 / 杨华编著 . — 北京 : 现代出版社 , 2013.1
（科学第一视野）
ISBN 978-7-5143-1016-0

Ⅰ . ①电… Ⅱ . ①杨… Ⅲ . ①电子计算机 – 青年读物
②电子计算机 – 少年读物 Ⅳ . ① TP3-49

中国版本图书馆 CIP 数据核字 (2012) 第 292980 号

电　脑

编　　著　杨　华
责任编辑　刘春荣
出版发行　现代出版社
地　　址　北京市安定门外安华里 504 号
邮政编码　100011
电　　话　010-64267325　010-64245264（兼传真）
网　　址　www. xdcbs. com
电子信箱　xiandai@ cnpitc. com. cn
印　　刷　汇昌印刷（天津）有限公司
开　　本　710mm × 1000mm　1/16
印　　张　10
版　　次　2014 年 12 月第 1 版　2021 年 3 月第 3 次印刷
书　　号　ISBN 978-7-5143-1016-0
定　　价　29.80 元

前言 PREFACE

1946年2月15日，在美国宾夕法尼亚大学，世界上第一台电子计算器ENIAC正式投入了运行。在隆重的揭幕仪式上，ENIAC表演了它的“绝招”——在1秒钟内进行5000次加法运算；在1秒钟内进行500次乘法运算。这比当时最快的电器计算器的运算速度要抉1000多倍。全场起立欢呼，欢呼科学技术进入了一个新的历史发展时期。

到1956年，全世界已经生产了几千台大型电子计算机，其中有的运算速度已经高达每秒几万次。这些电子计算器都以真空管为主要组件，所以叫真空管计算器。利用这一代电子计算器，人们将人造卫星送上了天。这是第一代电子计算器。再后来又有了第二代电子计算器是晶体管计算器和第三代中小规模集成电路计算器。第四代大规模集成电路计算器一般认为这是1970年开始的事。现在，巨型机的运算速度已达到每秒几亿次，在科学研究和经济管理中起着不可替代的作用；而微型机则使计算器的体积与成本大幅度减少，并渗透到工业生产和日常生活的各个角落。今天，要制造一台具有ENIAC同样功能的计算器，体积只要有它的百万分之一也就足够了。

第五代电子计算器的研制工作已经开展多年了，无论是“梦幻式”的超导计算器，还是光计算器、生物计算器、人工智能放大器，都已取得了一定的进展。这一代计算机的速度将达到每秒万亿次，能在更大程度上仿真人的智能，并在某些方面超过人的智能。

在计算机技术高速发展的今天，如果有人问未来的 PC 机将会发展成为什么样？相信大家都能轻易地道出几点，比如说计算机的处理速度将会变得更快，计算机的各项功能将变得更加强大和完善等等。随着网络技术的出现和进步所带来的“电子邮件”和“及时信息”的使用，随着计算机与网络科技的日益普及和发展，带给人们的将是使大家的生活更便利，日渐打破时间和空间的界限，还可以促进科技的更快速发展。但其带来的负面影响也会随之扩大和加深，比如人际关系的疏离，人们对电脑的依赖程度不断提高，甚至产生更为高超的犯罪技术等。因而，综观计算机技术与个人之间的关系，不但是相互结合地越来越紧密，而且还会对未来的人类社会产生极为深远的影响。所以我们必须清楚的认识到，科技始终来自源人性，计算机及其相关科技的发展不但要在技术上精益求精、人机介面力求完美，网络运行和管理不断健全和完善，在对它们的管理上更要加上“人文素养”，这才是计算机发展趋势中最重要的基本要件。

Contents

目录

第一章 电脑史话

第二章 电脑的分类

第三章 电脑的核心组成

第四章 电脑的使用

第五章 电脑的利弊与未来

第一章

电脑史话

电脑是人类20世纪最伟大的科技发明之一，它的出现大大影响和改变了人类的生产和生活的方式，如今，它的应用领域已经从最初的军事科研应用扩展到社会的各个领域，且业已形成规模巨大的计算机产业，带动了全球范围的技术进步，由此引发了深刻的社会变革。现在的人类社会已经处于信息时代，而电脑则是人类进入信息时代的重要标志之一。从1946年2月14日，美国军方定制的世界上第一台电子计算机“电子数字积分计算机”在美国宾夕法尼亚大学问世到现在，在这短短的五十多年的发展历程中，电脑经历了一个从简单到复杂，从低级到高级的发展阶段，如今，电脑的发展之路没有终结，依然在向着更加完善的方向快速发展。

电脑的诞生历程

电脑的始祖

无处不在、无所不能的电脑，已历经了50多个春华秋实。50余年在人类的历史长河中只是一瞬间，电脑却彻底改变了我们的生活。回顾电脑发展的历史，并依此上溯它的起源，真令人惊叹沧海桑田的巨变；历数电脑史上的英雄人物和跌宕起伏的发明故事，将给后人留下了长久的思索和启迪。

谁都知道，电脑的学名叫做电子计算机。以人类发明这种机器的初衷，它的始祖应该是计算工具。英语里“Calculus”（计算）一词来源于拉丁语，既有“算法”的含义，也有肾脏或胆囊里的“结石”的意思。远古的人们用石头来计算捕获的猎物，石头就是他们的计算工具。著名科普作家阿西莫夫说：“人类最早的计算工具是手指”，英语单词“Dight”既表示“手指”又表示“整数数字”；而中国古人常用“结绳”来帮助记事，“结绳”当然也可以充当计算工具。石头、手指、绳子……这些都是古人用过的“计算机”。

图与文

结绳记事是文字发明前，人们所使用的一种记事方法。即在一条绳子上打结。

不知何时，许多国家的人都不约而同想到用“筹码”来改进工具，其中要数中国的算筹最有名气。商周时代问世的算筹，实际上是一种竹制、木制或骨制的小棍。古人在地面或盘子

里反复摆弄这些小棍，通过移动来进行计算，从此出现了“运筹”这个词，运筹就是计算，后来才派生出“筹”的词义。中国古代科学家祖冲之最先算出了圆周率小数点后的第 7 位，使用的工具正是算筹，这个结果即使用笔算也很不容易求得。

欧洲人发明的算筹与中国不尽相同，他们的算筹是根据“格子乘法”的原理制成。例如要计算 1248×456，可以先画一个矩形，然后把它分成 3×2 个小格子，在小格子边依次写下乘数、被乘数的各位数字，再用对角线把小格子一分为二，分别记录上述各位数字相应乘积的十位数与个位数。把这些乘积由右到左，沿斜线方向相加，最后就得到乘积。1617 年，英国数学家纳皮尔把格子乘法表中可能出现的结果，印刻在一些狭长条状的算筹上，利用算筹的摆放来进行乘、除或其他运算。纳皮尔算筹在很长一段时间里，是欧洲人主要的计算工具。

算筹在使用中，一旦遇到复杂运算常弄得繁杂混乱，让人感到不便，于是中国人又发明了一种新式的“计算机”。

著名作家谢尔顿在他的小说《假如明天来临》里讲过一个故事：骗子杰夫向经销商兜售一种袖珍计算机，说它“价格低廉，绝无故障，节约能源，十年中无需任何保养”。当商人打开包装盒一看，这台“计算机”原来是一把来自中国的算盘。世界文明的四大发源地——黄河流域、印度河流域、尼罗河流域和幼发拉底河流域——先后都出现过不同形

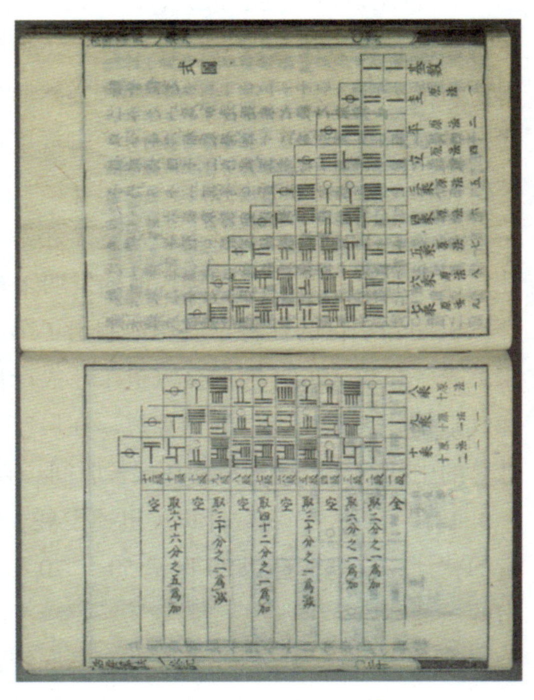

日本古算术中带格子的算筹码

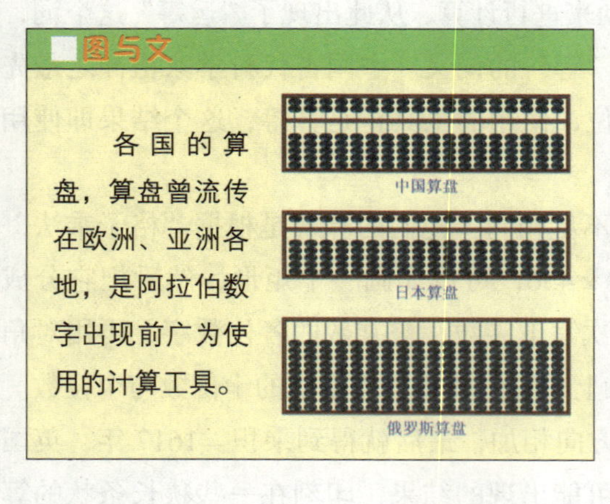

图与文

各国的算盘，算盘曾流传在欧洲、亚洲各地，是阿拉伯数字出现前广为使用的计算工具。

式的算盘，只有中国的珠算盘一直沿用至今。

珠算盘最早可能萌芽于汉代，定型于南北朝。它利用进位制记数，通过拨动算珠进行运算：上珠每珠当五，下珠每珠当一，每一档可当作一个数位。打算盘必须记住一套口诀，口诀相当于算盘的“软件”。算盘本身还可以存储数字，使用起来的确很方便，它帮助中国古代数学家取得了不少重大的科技成果，在人类计算工具史上具有重要的地位。

15 世纪以后，随着天文、航海的发展，计算工作日趋繁重，迫切需要探求新的计算方法并改进计算工具。1630 年，英国数学家奥特雷德使用当时流行的对数刻度尺做乘法运算，突然萌生了一个念头：若采用两根相互滑动的对数刻度尺，不就省得用两脚规度量长度吗？他的这个设想导致了“机械化”计算尺的诞生。

奥特雷德是理论数学家，对这个小小的计算尺并不在意，也没有打算让它流传于世，此后二百年，他的发明未被实际运用。18 世纪末，以发明蒸汽机闻名于世的瓦特，成功地制出了第一把名副其实的计算尺。瓦特原来就是一位仪表匠，他的蒸汽机工厂投产后，需要迅速计算蒸汽机的功率和气缸体积。瓦特设计的计算尺，在尺座上多了一个滑标，用来“存储”计算的中间结果，这种滑标在很长时间一直被后人所沿用。

1850 年以后，对数计算尺迅速发展，成了工程师们必不可少的随身携带的“计算机”，直到 20 世纪 50 ~ 70 年代，它仍然是代表工科大学生身份的一种标志。

凝聚着许许多多科学家和能工巧匠智慧的早期计算工具，在不同的历史阶段发挥过巨大作用，但也将随着科学发展而逐渐消亡，最终完成它们

的历史使命。

第一抹曙光

第一台真正的计算机是著名科学家帕斯卡（B.Pascal）发明的机械计算机。

帕斯卡1623年出生在法国一位数学家家庭，他三岁丧母，由担任着税务官的父亲拉扯他长大成人。从小，他就显示出对科学研究浓厚的兴趣。

少年帕斯卡对他的父亲一往情深，他每天都看着年迈的父亲费力地计算税率税款，很想帮忙做点事，可又怕父亲不放心。于是，未来的科学家想到了为父亲制作一台可以计算税款的机器。19岁那年，他发明了人类有史以来第一台机械计算机。

帕斯卡的计算机是一种系列齿轮组成的装置，外形像一个长方盒子，用儿童玩具那种钥匙旋紧发条后才能转动，只能够做加法和减法。然而，即使只做加法，也有个“逢十进一”的进位问题。聪明的帕斯卡采用了一种小爪子式的棘轮装置。当定位齿轮朝9转动时，棘爪便逐渐升高；一旦齿轮转到0，棘爪就“咔嚓”一声跌落下来，推动十位数的齿轮前进一档。

布莱兹·帕斯卡

帕斯卡发明成功后，一连制作了50台这种被人称为“帕斯卡加法器”的计算机，现在至少还有5台保存着。比如，在法国巴黎工艺学校、英国伦敦科学博物馆都可以看到帕斯卡计算机原型。据说在中国的故宫博物院，也保存着两台铜制的复制品，是

■图与文

帕斯卡设计的计算器。在巴黎工艺美术博物馆和德国德累斯顿的茨温格博物馆，展示着他开始原创的两台加法器。

当年外国人送给慈禧太后的礼品，“老佛爷”哪里懂得它的奥妙，只把它当成了西方的洋玩具，藏在深宫里面。

帕斯卡是真正的天才，他在诸多领域内都有建树。后人在介绍他时，说他是数学家、物理学家、哲学家、流体动力学家和概率论的创始人。凡是学过物理的人都知道一个关于液体压强性质的“帕斯卡定律”，这个定律就是他的伟大发现并以他的名字命名的。他甚至还是文学家，其文笔优美的散文在法国极负盛名。可惜，长期从事艰苦的研究损害了他的健康，帕斯卡于1662年英年早逝，死时年仅39岁。他留给了世人一句至理名言：“人好比是脆弱的芦苇，但是他又是有思想的芦苇。”

全世界“有思想的芦苇”，尤其是计算机领域的后来者，都不会忘记帕斯卡在浑沌中点燃的亮光。1971年发明的一种程序设计语言——PASCAL语言，就是为了纪念这位先驱，使帕斯卡的英名长留在电脑时代里。

帕斯卡逝世后不久，与法兰西毗邻的德国莱茵河畔，有位英俊的年轻人正挑灯夜读。黎明时分，青年人站起身，揉了一下疲乏的腰部，脸上流露出会心的微笑，一个朦胧的设想已酝酿成熟。虽然在帕斯卡发明加法器的时候，他尚未出世，但这篇由帕斯卡亲自撰写的关于加法计算机的论文，却使他似醍醐灌顶，勾起强烈的发明欲。他就是德国大数学家、被《不列颠百科全书》称为“西方文明最伟大的人物之一”的莱布尼茨（G.Leibnitz）。

莱布尼茨早年历经坎坷。当幸运之神降临之时，他获得了一次出使法国的机会。帕斯卡的故乡张开臂膀接纳他，为他实现计算机器的夙愿创造了契机。在巴黎，他聘请到一些著名机械专家和能工巧匠协助工作，终于在1674年造出一台更完美的机械计算机。

莱布尼茨发明的新型计算机约有1米长，内部安装了一系列齿轮机构，除了体积较大之外，基本原理继承于帕斯卡。不过，莱布尼茨技高一筹，他为计算机增添了一种名叫“步进轮”的装置。步进轮是一个有9个齿的长圆柱体，9个齿依次分布于圆柱表面；旁边另有个小齿轮可以沿着轴向移动，以便逐次与步进轮啮合。每当小齿轮转动一圈，步进轮可根据它与小齿轮啮合的齿数，分别转动1/10、2/10圈……，直到9/10圈，这样一来，它就能够连续重复地做加法。

稍熟悉电脑程序设计的人都知道，连续重复计算加法就是现代计算机做乘除运算采用的办法。莱布尼茨的计算机，加、减、乘、除四则运算一应俱全，也给其后风靡一时的手摇计算机铺平了道路。

不久，因独立发明微积分而与牛顿齐名的莱布尼茨，又为计算机提出了“二进制”数的设计思路。有人说，他的想法来自于东方中国。

大约在公元1700年的某天，友人送给他一幅从中国带来图画，名称叫做“八卦”，是宋朝人邵雍所摹绘的一张“易图”。莱布尼茨用放大镜仔细观察八卦的每一卦象，发现它们都由阳（—）和阴（— —）两种符号组合而成。他挠有兴趣地把8种卦象颠来倒去排列组合，脑海中突然火花一闪——这不就是很有规律的二进制数字吗？若认为阳（—）是“1”，阴（— —）是“0”，八卦恰好组成了二进制000到111共8个基本序数。正是在中国人睿智的启迪下，莱布尼茨最终悟出了二进制数之

八　卦

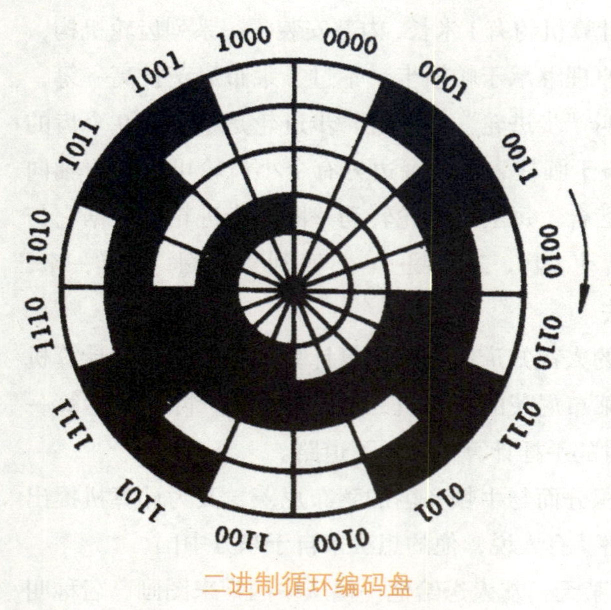

二进制循环编码盘

真谛。虽然莱布尼茨设计的计算机用的还是十进制，但他率先系统提出了二进制数的运算法则，直到今天，二进制数仍然左右着现代电脑的高速运算。

帕斯卡的计算机经由莱布尼茨的改进之后，人们又给它装上电动机以驱动机器工作，成为名符其实的“电动计算机”，并且一直使用到20世纪世纪20年代才退出舞台。尽管帕斯卡与莱布尼茨的发明还不是现代意义上的计算机，但它们毕竟昭示着人类计算机史里的第一抹曙光。

二进制与中国八卦

二进制是计算技术中广泛采用的一种数制。二进制数据是用0和1两个数码来表示的数。它的基数为2，进位规则是“逢二进一”，借位规则是“借一当二”。而中国的八卦源于中国古代对基本的宇宙生成、相应日月的地球自转（阴阳）关系、农业社会和人生哲学互相结合的观念。八卦是由八个符号组构成的占卜系统，而这些符号分为连续的与间断的横线两种。这两个后来被称为“阴”、“阳”的符号，在莱布尼茨眼中，就是他的二进制的中国翻版。他感到这个来自古老中国文化的符号系统与他的二进制之间的关系实在太明显了，因此断言：二进制乃是具有世界普遍性的、最完美的逻辑语言。

电脑之父

失败的英雄

今天出版的许多计算机书籍扉页里，都登载着巴贝奇（C.Babbage）的照片：宽阔的额，狭长的嘴，锐利的目光显得有些愤世嫉俗，坚定的但绝非缺乏幽默的外貌，给人以一个极富深邃思想的学者形象。

巴贝奇是一位富有的银行家的儿子，1792 年出生在英格兰西南部的托特纳斯，后来继承了相当丰厚的遗产，但他把金钱都用在了科学研究。童年时代的巴贝奇显示出极高的数学天赋，考入剑桥大学后，他发现自己掌握的代数知识甚至超过了教师。毕业留校，24 岁的年轻人荣幸受聘担任剑桥大学“路卡辛讲座”的数学教授。这是一个很少有人能够获得的殊荣，牛顿的老师巴罗是第一名，牛顿是第二名。在教学之余，巴贝奇完成了大量发明创造，如运用运筹学理论率先提出“一便士邮资”制度，发明了供火车使用的速度计和排障器等等。假若巴贝奇继续在数学理论和科技发明领域耕耘，他本来是可以走上鲜花铺就的坦途。然而，这位旷世奇才却选择了一条无人敢于攀登的崎岖险路。

查尔斯·巴贝奇

事情还得从法国讲起。18 世纪末，法兰西发起了一项宏大的计算工程——人工编制《数学用表》，这在没有先进计算工具的当时，是件极其艰巨的工作。法国数学界调集大批数学家，组成了人工手算的流水线，算得天昏地暗，才完成了17卷大部头书稿。即便如此，计算出的数学用表仍然存在大量错误。据说有一天，巴贝奇与著名的天文学家赫舍尔凑在一起，对两大部头的天文数表评头论足，翻一页就是一个错，翻两页就有好几处。面对错误百出的数学表，巴贝奇目瞪口呆，他甚至喊出声来："天哪，这些计算错误已经充斥弥漫了整个宇宙！"

这件事也许就是巴贝奇萌生研制计算机构想的起因。巴贝奇在他的自传《一个哲学家的生命历程》里，写到了大约发生在1812年的一件事："有一天晚上，我坐在剑桥大学的分析学会办公室里，神志恍惚地低头看着面前打开的一张对数表。一位会员走进屋来，瞧见我的样子，忙喊道：'喂！你梦见什么啦？'我指着对数表回答说：'我正在考虑这些表也许能用机器来计算！'"巴贝奇的第一个目标是制作一台"差分机"。所谓"差分"的含义，是把函数表的复杂算式转化为差分运算，用简单的加法代替平方运算。那一年，刚满20岁的巴贝奇从法国人杰卡德发明的提花编织机上获得了灵感，差分机设计闪烁出了程序控制的灵光——它能够按照设计者的旨意，自动处理不同函数的计算过程。

差分机

巴贝奇耗费了整整十年光阴，于1822年完成了第一台差分机，它可以处理3个不同的5位数，计算精度达到6位小数，当即就演算出好几种函数表。由于当时工业技术水平极低，第一台差分机从设计绘图到机械零件加工，都是巴贝奇亲自动手完成。当他看着自己的机器制作出准确无误的《数

学用表》,高兴地对人讲:“哪怕我的机器出了故障,比如齿轮被卡住不能动,那也毫无关系。你看,每个轮子上都有数字标记,它不会欺骗任何人。”以后实际运用证明,这种机器非常适合于编制航海和天文方面的数学用表。

成功的喜悦激励着巴贝奇,他连夜奋笔上书皇家学会,要求政府资助他建造第二台运算精度为20位的大型差分机。英国政府看到巴贝奇的研究有利可图,破天荒地与科学家签订了第一个合同,财政部慷慨地为这台大型差分机提供出1.7万英镑的资助。巴贝奇自己也贴进去1.3万英镑巨款,用以弥补研制经费的不足。在当年,这笔款项的数额无异于天文数字——有资料介绍说,1831年约翰·布尔制造一台蒸汽机车的费用才784英磅。

然而,第二台差分机在机械制造工厂里触上了“暗礁”。

第二台差分机大约有25000个零件,主要零件的误差不得超过每英寸千分之一,即使用现在的加工设备和技术,要想造出这种高精度的机械也绝非易事。巴贝奇把差分机交给了英国最著名的机械工程师约瑟夫·克莱门特所属的工厂制造,但工程进度十分缓慢。设计师心急火燎,从剑桥到工厂,从工厂到剑桥,一天几个来回。他把图纸改了又改,让工人把零件重做一遍又一遍。年复一年,日复一日,直到又一个10年过去后,巴贝奇依然望着那些不能运转的机器发愁,全部零件亦只完成不足一半数量。参加试验的同事们再也坚持不下去,纷纷离他而去。巴贝奇独自苦苦支撑了第三个10年,终于感到无力回天。

那天清晨,巴贝奇走进车间,偌大的作业场空无一人,只剩下满地的滑车和齿轮,四处一片狼藉。他呆立在尚未完工的机器旁,深深地叹了口气。在

后人完成的分析机

痛苦的煎熬中，他无计可施，只得把全部设计图纸和已完成的部分零件送进伦敦皇家学院博物馆供人观赏。1842 年，在巴贝奇的一生中是极不平常的一年。英国政府宣布断绝对他的一切资助，连科学界的友人都用一种怪异的目光看着他。英国首相讥讽道：“这部机器的唯一用途，就是花掉大笔金钱！”同行们讥笑他是“愚笨的巴贝奇”。皇家学院的权威人士，包括著名天文学家艾瑞等人，都公开宣称他的差分机“毫无任何价值”……

传奇英雄

大约在 1936 年，美国青年霍德华·艾肯（H.Aiken）来哈佛大学攻读物理学博士学位。恰好在世纪之交来到人世的艾肯，属于大器晚成的科学家。由于家庭贫困，他不得不以半工半读的方式艰难地读完高中。大学期间，也是一边工作，一边刻苦学习，直到毕业后才谋到一份工程师的工作。36 岁那年，他毅然辞去收入丰厚的职务，重新走进大学校门。由于博士论文的研究涉及到空间电荷的传导理论，需要求解非常复杂的非线性微分方程，在进行繁琐的手工计算之余，艾肯很想发明一种机器代替人工求解的方法，幻想能有一台计算机帮助他解决数学难题。

三年之后，正如莱布尼茨在书里“找到”帕斯卡一样，艾肯也是在图书馆里“发现”的巴贝奇和阿达。巴贝奇和阿达的论文，令年轻人心摇旌动。70 多年过去后，巴贝奇仿佛还在对他娓娓而谈：“任何人如果不接受我失败的教训，还仍然下决心去研制一台把数学分析的全部工作都包括在内的机器的话，我不怕把自己的名誉交给他去作出应有的评价，因为只有他才完全了解我工作的性质及其成果的价值”。以艾肯所处时代的科技水平，也许已经能够完成巴贝奇未竟的事业，造出通用计算机。为此，他写了一篇《自动计算机的设想》的建议书，提出要用机电方式，而不是用纯机械方法来构造新的“分析机”。然而，正在求学的读书人根本没有可能筹措到那么大的一笔经费。

取得博士学位的艾肯进入了美国海军军械局。一名小小的中尉，他仍

然没有钱。“金钱不是万能的”，但是，对于艾肯实现计算机梦想来说，“没有钱却是万万不能的”，否则只会重蹈巴贝奇和阿达的复辙。

年轻的海军中尉想到了制表机行业的 IBM 公司。

艾肯从他一位老师口中得知 IBM 董事长沃森的大名，他的老师此时正在一所由 IBM 出资创办的“哥伦比亚大学统计局”里任职，非常乐意为学生写了份推荐信。艾肯连续通宵达旦地准备材料，拟好了一份详细的可行性报告，直接跑去找沃森。他听老师讲，沃森的作风从来就是独断专行，不设法说服此人，研制计算机的计划一准泡汤。

IBM 的总部座落在一幢古色古香的建设物里。沃森坐在宽大的写字台后，一言不发听艾肯陈述。在他的背后，是整整齐齐摆满各种书籍的大书柜，书柜的上方贴着只有一个单词的格言——思考（THINK），这是沃森最为推崇的行动准则。

艾肯说完了该说的话，忐忑不安地望着对面这位爱好“思考”的企业家。

“至少需要多少钱？”沃森开口询问。“恐怕要投入数以万计吧”，艾肯喃喃地回答，“不过……”

沃森摆了摆手，打断了艾肯的话头，拿起笔来，在报告上划了几下。

艾肯心里一紧:“没戏了！”出于礼貌，他还是恭敬地用双手接过那张纸，随即低头一瞅，顿时喜上眉梢——沃森的大笔一挥，批给了计算机 100 万美元！

有了 IBM 作坚强后盾，新的计算机研制工作在哈佛物理楼后的一座红砖房里开了场，艾肯把它取名为“马克 1 号”（Mark Ⅰ），又叫做“自动序列受控计算机”。IBM 又派来莱克、德菲和汉密尔顿等工程师组成攻

马克 1 号左面部分

马克一号右面部分

关小组，财源充足，兵强马壮。比起巴贝奇和阿达，艾肯的境况实在要幸运得多。IBM 也因此从生产制表机、肉铺磅秤、咖啡碾磨机等乱七八糟玩意的行业里，正式跨进了计算机的“领地”。

艾肯设计的马克 1 号已经是一种电动的机器，它借助电流进行运算，最关键的部件，用的是普通电话上的继电器。马克 1 号上大约安装了 3000 个继电器，每一个都有由弹簧支撑着的小铁棒，通过电磁铁的吸引上下运动。吸合则接通电路，代表“1”；释放则断开电路，代表“0”。继电器“开关”能在大约 1/100 秒的时间内接通或是断开电流，当然比巴贝奇的齿轮先进得多。

为马克 1 号编制计算程序的也是一位女数学家格雷斯·霍波（G.Hopper）。这位声名遐迩的数学博士，1944 年参加到哈佛大学计算机研究工作，她说：“我成了世界上第一台大型计算机 Mark Ⅰ的第三名程序员。”霍波博士后来还为第一台储存程序的商业电子计算机 UNIVAC 写过程序，又率先研制成功第一个编译程序 A-O 和计算机商用语言 COBOL，被公认是计算机语言领域的带头人。有一天，她在调试程序时出现了故障，拆开继电器后，发现有只飞蛾被夹扁在触点中间，从而“卡”住了机器的运行。于是，霍波恢谐地把程序故障统称为“臭虫”（bug），而这一奇怪的“称呼”，后来成为计算机领域的专业行话，如 DOS 系统中的调试程序，程序名称就叫 DEBUG。

1944 年 2 月，马克 1 号计算机在哈佛大学正式运行。从外表看，它的外壳用钢和玻璃制成，长约 15 米，高约 2.4 米，自重达到 31.5 吨，是个像恐龙般巨大身材的庞然大物。据说，艾肯和他的同事们，为它装备了 15

万个元件和长达 800 公里的电线。这台机器能以令当时人们吃惊的速度工作——每分钟进行 200 次以上的运算。它可以作 23 位数加 23 位数的加法，一次仅需要 0.3 秒；而进行同样位数的乘法，则需要 6 秒多的时间。只是它运行起来响声不绝于耳，有的参观者说："就像是挤满了一屋子编织绒线活的妇女"，也许你会联想到，马克 1 号计算机也与杰卡德编织机有天然的联系。马克 1 号代表着自帕斯卡以来，人类所制造的机械计算机或电动计算机之顶尖水平，当时就被用来计算原子核裂变过程。它以后运行了 15 年，编出的数学用表我们至今还在使用。1946 年，艾肯和霍波联袂发表文章说，这台机器能自动实现人们预先选定的系列运算，甚至可以求解微分方程。

马克 1 号输出入控制单元

马克 1 号终于实现了巴贝奇的夙愿。事隔多年后，已经担任大学教授的艾肯谈起巴贝奇其人其事来，仍然惊叹不已，他曾感慨地说，如果巴贝奇晚生 75 年，我就会失业。但是，马克 1 号是早期计算机的最后代表，从它投入运行的那一刻开始就已经过时，因为此时此刻，人类社会已经跨进了电子的时代。

阿塔纳索夫—贝瑞计算机

阿塔纳索夫—贝瑞计算机（Atanasoff Berry Computer，通常简称 ABC 计算机）是世界上第一台电子数字计算设备。这台计算机在 1937 年设计，不可编程，仅仅设计用于求解线性方程组，并在 1942 年成功进行了测试。然而，这台计算机用纸卡片读写器实现的中间结果存储机制是不可靠的。而且，在发明者约翰·文森特·阿塔纳索夫因为二战任务而离开艾奥瓦州立

阿塔纳索夫—贝瑞计算机

大学之后，这台计算机的工作就没有继续进行下去。ABC 计算机开创了现代计算机的重要元素，包括二进制算术和电子开关。但是因为缺乏通用性、可变性与存储程序的机制，将其与现代计算机区分开来。这台计算机在 1990 年被认定为 IEEE 里程碑之一。

ENIAC 诞生记

世界上第一台现代电子计算机“埃尼阿克”（ENIAC），诞生于 1946 年 2 月 14 日的美国宾夕法尼亚大学，并于次日正式对外公布。在宾大摩尔电机学院揭幕典礼上，这个占地面积达 170 平方米、重达 30 吨的庞然大物，为来宾表演了它的“绝招”——在 1 秒钟内进行了 5000 次加法运算，这比当时最快的继电器计算机的运算速度要快 1000 多倍。这次完美的亮相，使得来宾们喝彩不已。

ENIAC 长 30.48 米，宽 1 米，占地面积约 170 平方米，30 个操作台，约相当于 10 间普通房间的大小，重达 30 吨，耗电量 150 千瓦，造价 48 万美元。它包含了 17468 真空管，7200 水晶 二极管，1500 中转，70000 电阻器，10000 电容器，1500 继电器，6000 多个开关，每秒执行 5000 次加法或 400 次乘法，是继电器计算机的 1000 倍、手工计算的 20 万倍。

研发过程 〉〉〉

弹道研究实验室

研制电子计算机的想法产生于第二次世界大战进行期间。当时激战正酣，各国的武器装备跟现在比差远了，占主要地位的战略武器就是飞机和大炮，哪有什么“飞毛腿”导弹、“爱国者”防空导弹、“战斧式”巡航导弹，因此研制和开发新型大炮和导弹就显得十分必要和迫切。为此美国陆军军械部在马里兰州的阿伯丁设立了“弹道研究实验室”。

格伦·贝克（远）和贝蒂·斯奈德（近）在位于弹道研究实验室（BRL）

美国军方要求该实验室每天为陆军炮弹部队提供6张火力表以便对导弹的研制进行技术鉴定。千万别小瞧了这区区6张火力表，它们所需的工作量大得惊人！事实上每张火力表都要计算几百条弹道，而每条弹道的数学模型你知道是什么吗？一组非常复杂的非线性方程组。这些方程组是没有办法求出准确解的，因此只能用数值方法近似地进行计算。

程序员贝蒂·让·詹宁斯（左）和弗兰（右）

时间就是胜利

不过即使用数值方法

近似求解也不是一件容易的事！按当时的计算工具，实验室即使雇用200多名计算员加班加点工作也大约需要二个多月的时间才能算完一张火力表。在“时间就是胜利”的战争年代，这么慢的速度怎么能行呢？恐怕还没等先进的武器研制出来，败局已定。

为了改变这种不利的状况，当时任职宾夕法尼亚大学莫尔电机工程学院的莫希利（John Mauchly）于1942年提出了试制第一台电子计算机的初始设想——“高速电子管计算装置的使用”，期望用电子管代替继电器以提高机器的计算速度。

美国军方得知这一设想，马上拨款大力支持，成立了一个以莫希利、埃克特（Eckert）为首的研制小组开始研制工作、预算经费为15万美元，这在当时是一笔巨款。要不是为了战争，谁能舍得出这么大的钱！虽说战争万恶，但未始不偶尔促进科技的发展。

■ 冯·诺依曼

约翰·冯·诺仪曼

让研制工作十分幸运的是，当时任弹道研究所顾问、正在参加美国第一颗原子弹研制工作的数学家冯·诺依曼（V·N Weumann，1903–1957，美籍匈牙利人）带着原子弹研制（1944年）过程中遇到的大量计算问题，在研制过程中期加入了研制小组。原本的ENIAC存在两个问题没有存储器且它用布线接板进行控制，甚至要搭接几天，计算速度也就被这一工作抵消了。1945年，冯·诺依曼和他的研制小组在共同讨论的基础上，发表了一个全新的“存储程序通用电子计算机方案”——EDVAC（Electronic

Discrete Variable AutomaticCompUter）在此过程中他对计算机的许多关键性问题的解决作出了重要贡献，从而保证了计算机的顺利问世。

虽然 ENIAC 体积庞大，耗电惊人，运算速度不过几千次（现在世界上最快的超级计算机是由日本政府出资、富士通公司研发的 K Computer，运行速度为每秒 8.16 千万亿次浮点计算！），但它比当时已有的计算装置要快 1000 倍，而且还有按事先编好的程序自动执行算术运算、逻辑运算和存储数据的功能。ENIAC 宣告了一个新时代的开始。从此科学计算的大门也被打开了。

■ 战争的作用

但为什么世界上第一台电子计算机要退至 40 年代中期才得以问世呢？这里面主要是实际需要是否迫切和资金是否到位的问题。实际需要当然一直都存在，谁不想拥有一种最先进的计算工具呢？但光是需求并不能决定一切。凡研制一种新工具，总是需要先期投入大量资金（研制 ENIAC 时，一开始就投资 15 万美元，但最后的总投资高达 48 万美元，这在 40 年代可是一笔巨款！）。能为一种未问世的工具大胆出钱的总是少数。

最后还是战争使计算机的诞生成为现实。事实上各种各样的社会需求中，战争期间的需求始终是最迫切的，因为事关生死存亡。政府和军方总是出手大方，将最新的科技成果应用到诸如战略和常规武器的研制工作上，以确保己方在军事上处于领先地位。

电子计算机正是在第二次世界大战弥漫的硝烟中开始研制的。如前面所述，当时为了给美国军械试验提供准确而及时的弹道火力表，迫切需要有一种高速的计算工具。因此在美国军方的大力支持下，世界上第一台电子计算机 ENIAC 于 1943 年开始研制。参加研制工作的是以宾夕法尼亚大学莫尔电机工程学院的莫希利和埃克特为首的研制小组。

其他信息 〉〉〉

■ 实际应用

ENIAC 这个庞然大物能做什么呢？它每秒能进行 5000 次加法运算（据

容器里的 ENIAC 真空管

测算，人最快的运算速度每秒仅 5 次加法运算），每秒 400 次乘法运算。它还能进行平方和立方运算，计算正弦和余弦等三角函数的值及其他一些更复杂的运算。

以现在的眼光来看，这当然很微不足道。但这在当时可是很了不起的成就！原来需要 20 多分钟时间才能计算出来的一条弹道，现在只要短短的 30 秒！这可一下子缓解了当时极为严重的计算速度大大落后于实际要求的问题。

由于当时冯·诺依曼正参与原子弹的研制工作，他是带着原子弹研制过程中遇到的大量计算问题加入到计算机的研制工作中来的。因此可以说，ENIAC 为世界上第一颗原子弹的诞生也出了不少力。

但即使在当时看来，ENIAC 也是有不少缺点的：除了体积大，耗电多以外，由于机器运行产生的高热量使电子管很容易损坏。只要有一个电子管损坏，整台机器就不能正常运转，于是就得先从这 1.8 万多个电子管中找出那个损坏的，再换上新的，是非常麻烦的。

图与文

第一代计算机。20 世纪 50 年代是计算机研制的第一个高潮时期，那时的计算机中的主要元器件都是用电子管制成的，后人将用电子管制作的计算机称为第一代计算机。

ENIAC 只是开始

自第一台计算机问世以后，越来越多

的高性能计算机被研制出来。计算机已从第一代发展到了第四代，目前正在向第五代、第六代智能计算机发展。像最初制造出来的ENIAC一样，许多高性能的计算机总是在为尖端和常规武器、特别是核武器的研制服务。和人类发明的所有工具一样，计算机的产生也是由于实际需要方得以问世的。从18世纪以来，科学技术水平有了长足的进步。制造电子计算机所必需的逻辑电路知识和电子管技术已经在19世纪末和20世纪初出现并得以完善。因此可以说制造计算机的基础科学知识已经完备。

电脑语言的历程

编织的程序

要让机器听人类的话，按人类的意愿去计算，就要实现人与机器之间的对话，或者说，要把人类的思想传送给机器，让机器按人的意志自动执行。

说来也怪，实现人与机器对话的始作俑者却不是研制计算机的那些前辈，而是与计算机发明毫不相干的两位法国纺织机械师。他们先后发明了一种指挥机器工作的“程序”，把思想直接“注入”到了提花编织机的针尖上。

顾名思义，提花编织机具有升降纱线的提花装置，是一种能使绸布编织出图案花纹的织布机器。

应该是，提花编织机最早出现在中国。在我国出土的战国时代墓葬物品中，就有许多用彩色丝线编织的漂亮花布。据史书记载，西汉年间，钜鹿县纺织工匠陈宝光的妻子，能熟练地掌握提花机操作技术，她的机器配置了120根经线，平均60天即可织成一匹花布，每匹价值万钱。明朝刻印的《天工开物》一书中，还赫然地印着一幅提花机的示意图。可以想象，当欧洲的王公贵族对从“丝绸之路”传入的美丽绸缎赞叹不已时，中国的

图与文

专用于云锦织作的大花楼木质提花织机。云锦是一种中国传统提花丝织锦缎，为南京特产。因其图案绚丽、纹饰华美如天上云霞而得名。

提花机也必定会沿着“丝绸之路”传入欧洲。

不过，用当时的编织机编织图案相当费事。所有的绸布都是用经线（纵向线）和纬线（横向线）编织而成。若要织出花样，织工们必须细心地按照预先设计的图案，在适当位置“提”起一部分经线，以便让滑梭牵引着不同颜色的纬线通过。机器当然不可能自己“想”到该在何处提线，只能靠人手“提”起一根又一根经线，不厌其烦地重复这种操作。

1725年，法国纺织机械师布乔（B.Bouchon）突发奇想，想出了一个“穿孔纸带”的绝妙主意。布乔首先设法用一排编织针控制所有的经线运动，然后取来一卷纸带，根据图案打出一排排小孔，并把它压在编织针上。启动机器后，正对着小孔的编织针能穿过去钩起经线，其他的针则被纸带挡住不动。这样一来，编织针就自动按照预先设计的图案去挑选经线，布乔的“思想”于是“传递”给了编织机，而编织图案的“程序”也就“储存”在穿孔纸带的小孔之中。真正成功的改进是在80年后，另一位法国机械师杰卡德（J.Jacquard），大约在1805年完成了“自动提花编织机”的设计制作。

那是举世瞩目的法国大革命的年代——攻打巴士底狱，推翻封建王朝，武装保卫巴黎，市民们高唱着“马赛曲”，纷纷走上街头，革命风暴如火如荼。虽然杰卡德在1790年就基本形成了他的提花机设计构想，但为了参加革命，他无暇顾及发明创造，也扛起来福枪，投身到里昂保卫战的行列里。直到19世纪到来之后，杰卡德的机器才得以组装完成。

杰卡德为他的提花机增加了一种装置，能够同时操纵1200个编织针，

控制图案的穿孔纸带后来也换成了穿孔卡片。据说，杰卡德编织机面世后仅25年，附近的乡村里就有了600台，在老式蒸气机噗嗤噗嗤的伴奏下，把穿孔卡片上的图案变成一匹匹漂亮的花绸布。纺织工人最初强烈反对这架自动化的新鲜玩意的到来，因为害怕机器会抢去他们的饭碗，使他们失去工作，但因为它优越的性能，终于被人们普遍接受。

攻打巴士底狱

1812年，仅在法国已经装配了万余台，并通过英国传遍了西方世界，杰卡德也因此而被授予了荣誉军团十字勋章和金质奖章。

杰卡德提花编织机奏响了19世纪机器自动化的序曲。在伦敦出版的《不列颠百科全书》和中国出版的《英汉科技词汇大全》两部书中，“JACQUARD”（杰卡德）一词的词条下，英语和汉语的意思居然都是“提花机”，可见，杰卡德的名字已经与提花机融为了一体。杰卡德提花机的原理，即使到了电脑时代的今天，依然没有更大的改动，街头巷尾小作坊里使用的手工绒线编织机，其基本结构仍与杰卡德编织机大体相似。

此外，杰卡德编织机“千疮百孔”的穿孔卡片，不仅让机器编织出绚丽多彩的图案，而且意味着程序控制思想的萌芽，穿孔纸带和穿孔卡片也广泛用于早期电脑以存储程序和数据。或许，我们现在把“程序设计”俗称为“编程序”，就引申自编织机的“编织花布”的词义。

电脑语言

电脑语言也叫程序语言（Program Lauguage），是人与电脑交流和沟通的工具。

计算机语言

早期电脑都直接采用机器语言，即用“0”和“1”为指令代码来编写程序，难写难读，编程效率极低。为了方便编程，随即出现了汇编语言，虽然提高了效率，但仍然不够直观简便。从1954年起，电脑界逐步开发了一批“高级语言”，采用英文词汇、符号和数字，遵照一定的规则来编写程序。高级语言诞生后，软件业得到突飞猛进的发展。

1953年12月，IBM公司程序师约翰·巴科斯(J.Backus)写了一份备忘录，建议为IBM704设计一种全新的程序设计语言。巴科斯曾在“选择顺序控制计算机”(SSEC)上工作过3年，深深体会到编写程序的困难性。他说:“每个人都看到程序设计有多昂贵，租借机器要花去好几百万，而程序设计的费用却只会多不会少。”

巴科斯的目标是设计一种用于科学计算的“公式翻译语言”(FORmula TRANslator)。他带领一个13人小组，包括有经验的程序员和刚从学校毕业的青年人，在IBM704电脑上设计出编译器软件，于1954年完成了第一个电脑高级语言——FORTRAN语言。1957年，西屋电气公司幸运地成为FORTRAN的第一个商业用户，巴科斯给了他们一套存储着语言编译器的穿孔卡片。以后，不同版本的FORTRAN纷纷面世，1966年，美国统一了它的标准，称为FORTRAN 66语言。40多年过去，FORTRAN仍然是科学计算选用的语言之一，巴科斯因此摘取了1977年度“图灵奖”。

FORTRAN广泛运用的时候，还没有一种可以用于商业计算的语言。美国国防部注意到这种情况，1959年5月，五角大楼委托格雷斯·霍波博士领导一个委员会，开始设计面向商业的通用语言(Common Business Oriented Langauge)，即COBOL语言。COBOL最重要的特征是语法与英文很接近，可以让不懂电脑的人也能看懂程序；编译器只需做少许修改，

就能运行于任何类型的电脑。委员会一个成员害怕这种语言的命运不会太长久，特地为它制作了一个小小的墓碑。然而，COBOL 语言却幸存下来。1963 年，美国国家标准局将它进行了标准化。用 COBOL 写作的软件，要比其他语言多得多。

1958 年，一个国际商业和学术计算机科学家组成的委员会在瑞士苏黎世开会，探讨如何改进 FORTRAN，并且设计一种标准化的电脑语言，巴科斯也参加了这个委员会。1960 年，该委员会在 1958 年设计基础上，定义了一种新的语言版本——国际代数语言 ALGOL 60，首次引进了局部变量和递归的概念。ALGOL 语言没有被广泛运用，但它演变为其他程序语言的概念基础。

20 世纪 60 年代中期，美国达特默斯学院约翰·凯梅尼（J.Kemeny）和托马斯·卡尔茨（T.Kurtz）认为，像 FORTRAN 那样的语言都是为专业人员设计，而他们希望能为无经验的人提供一种简单的语言，特别希望那些非计算机专业的学生也能通过这种语言学会使用电脑。于是，他们在简化 FORTRAN 的基础上，研制出一种“初学者通用符号指令代码”（Beginners All purpose Symbolic Intruction Code），简称 BASIC。由于 BASIC 语言易学易用，它很快就成为最流行的电脑语言之一，几乎所有小型电脑和个人电脑都在使用它。经过不断改进后，它一直沿用至今，出现了像 QBASIC、VB 等新一代 BASIC 版本。

1967 年，麻省理工学院人工智能实验室希摩尔·帕伯特（S.Papert），为孩子设计出一种叫 LOGO 的电脑语言。帕伯特曾与著名瑞士心理学家皮亚杰一起学习，他发明的 LOGO 最初是个绘图程序，能控制一个“海龟”

图与文

格雷斯·霍波博士。美国海军准将及计算机科学家，世界最早一批的程式设计师之一。她创造了现代第一个编译器 A-0 系统，以及商用电脑编程语言“COBOL”，被誉为 COBOL 之母。

图与文

希摩尔·帕伯特博士，南非比勒陀利亚人，美国麻省理工学院的数学家。在 1968 年从 LISP 语言的基础里创立 Logo 编程语言。

图标，在屏幕上描绘爬行路径的轨迹，从而完成各种图形的绘制。帕伯特希望孩子不要机械地记忆事实，强调创造性的探索。他说：“人们总喜欢讲学习，但是，你可以看到，学校的多数课程是记忆一些数据和科学事实，却很少着眼于真正意义上的学习与思考。”他用 LOGO 语言启发孩子们学会学习，在马萨诸塞州列克星敦，一些孩子用 LOGO 语言设计出了真正的程序，使 LOGO 成为一种热门的电脑教学语言。

1971 年，瑞士联邦技术学院尼克劳斯·沃尔斯（N.Wirth）教授发明了另一种简单明晰的电脑语言，这就是以帕斯卡的名字命名的 PASCAL 语言。PASCAL 语言语法严谨，层次分明，程序易写，具有很强的可读性，是第一个结构化的编程语言。它一出世就受到广泛欢迎，迅速地从欧洲传到美国。沃尔斯一生还写作了大量有关程序设计、算法和数据结构的著作，因此，他获得了 1984 年度“图灵奖”。

邓民斯·里奇

1983 年度的“图灵奖”则授予了 AT&T 贝尔实验室的两位科学家邓尼斯·里奇（D.Ritchie）和他的协作者肯·汤姆森（K.Thompson），以表彰他们共同发明著名的电脑语言 C。C 语言现在是当今软件工程师最宠爱的语言之一。

里奇最初的贡献是开发了 UNIX 操作系统软件。他说，这里有一个小故事：他们答应为贝尔实验室开发一个字处理软件，要求购买一台小型电脑 PDP–11/20，从而争取到 10 万美元经费。可是当机器购回来后，他俩却把它用来编写 UNIX 系统软件。UNIX 很快有了大量追随者，特别是在工程师和科学家中间引起巨大反响，推动了工作站电脑和网络的成长。1970 年，作为 UNIX 的一项“副产品”，里奇和汤姆森合作完成了 C 语言的开发，这是因为研制 C 语言的初衷是为了用它编写 UNIX。这种语言结合了汇编语言和高级语言的优点，大受程序设计师的青睐。

1983 年，贝尔实验室另一研究人员比加尼·斯楚士舒普（B.Stroustrup），把 C 语言扩展成一种面向对象的程序设计语言 C++。如今，数以百万计的程序员用它来编写各种数据处理、实时控制、系统仿真和网络通讯等软件。斯楚士舒普说：“过去所有的编程语言对网络编程实在太慢，所以我开发 C++，以便快速实现自己的想法，也容易写出更好的软件。”1995 年，《BYTE》杂志将他列入“计算机工业 20 个最有影响力的人”的行列。

■ C++ 之父

比加尼·斯楚士舒普，计算机科学家，德州农工大学工程学院的计算机科学首席教授。他以创造 C++ 编程语言而闻名，被称为“C++ 之父”。用比加尼·斯楚士舒普他本人的话来说，自己“发明了 C++，写下了它的早期定义并做出了首个实验……选择制定了 C++ 的设计标准，

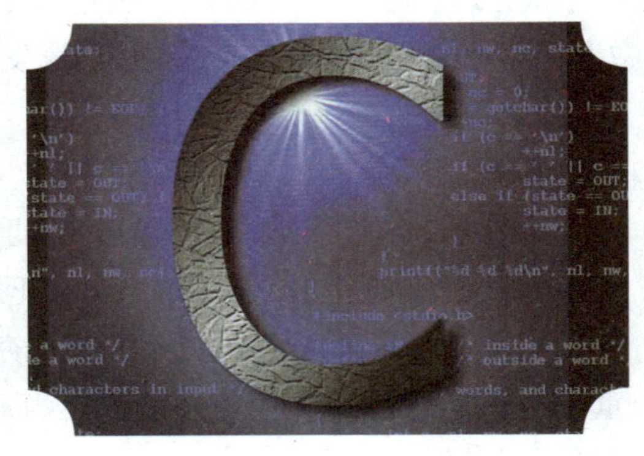

C 语言

比加尼·斯楚士舒普

设计了C++主要的辅助支持环境，而且负责处理C++标准委员会的扩展提案。”他还写了一本《C++程序设计语言》，它被许多人认为是C++的范本经典，已经是第三版了。这本书被修订了两次，是为了反映出C++标准委员会的不懈努力和这门语言的不断演进。

电脑的新时代

芯片计算机

众所周知，所谓286、386、486个人电脑等名称的起源，在于它们采用了英特尔公司研制的微处理器X86系列芯片286、386和486。然而，这种以数字为电脑命名的奇特现象，却来源于霍夫博士等人发明的世界上第一个微处理器芯片——4004。霍夫也因此以“第二次大战以来最有影响的7位科学家之一”身份，入选美国国家发明荣誉展厅，与在科学领域作出伟大贡献的爱迪生等120人同列在一起。霍夫的发明引来了浪潮滚滚的计算机革命。

1968年，应诺依斯的恳切邀请，斯坦福大学助理研究员马西安·霍夫（M.Hoff）加盟英特尔，成为这家刚刚开张的高技术公司第12名员工，年仅31岁。他被指派为英特尔公司应用研究的经理后，摩尔交给他的第一项重任，是代表英特尔与日本一家名曰“商业通讯公司”合作研制一套可编程台式计算器。

日本人带来了自己的设计资料，英特尔只承担芯片材料等方面的辅助任务。霍夫认真研究了图纸，发现这种简单的计算器竟然要安装约十块左右的集成电路芯片。他向合作者提议减少芯片的数目，但被日本人冷冷地拒绝了。诺依斯得知霍夫的处境，不断鼓励他，支持他按自己的想法去改进设计。

IBM System 360 是美国 IBM 公司于 1964 年推出的大型电脑

霍夫把自己关在实验室里潜心思考，他的实验室十分狭窄，只有一台 DEC 公司生产的 PDP-8 小型电脑。三个月来，霍夫把日本人方案的优劣翻来复去地琢磨。他后来对人讲，他始终“保持孩子般的天真好奇，总对一种东西为什么会以某种方式工作，或者把两样东西放在一起会发生什么感到惊奇”。或许，就是这种“天真”使他突发奇想。霍夫猛地打开笔记本，奋笔疾书。他写道：“完全可以把日本人的设计压缩成三块集成电路芯片，其中最关键的是中央处理器芯片，把所有的逻辑电路集成在一起；另外两片则分别用作储存程序和储存数据。”

这种把“两样甚至更多的东西放在一起”的设想，让霍夫萌生了微处理器的新观念。摩尔对此首先表示赞许，并给他派来麦卓尔（S.Mazor）当助手。凑巧得很，仙童公司的芯片设计专家费根（F.Faggin）“跳槽”转到英特尔，也加入到研制组，为霍夫设计的芯片画出了线路图。芯片图纸让霍夫十分满意，口口声声称赞它是一份“干净利落的蓝图”。

1971 年 1 月，霍夫研制小组终于制成了能够实际工作的微处理器。在大约12平方毫米的芯片上，共集成了2250个晶体管。英特尔的广告介绍说，它只比一枝铅笔尖稍大一点，在半只火柴盒面积大小的硅片上，可以容纳下48个微型的中央处理器！微处理器的体积如此之微小，但是每块芯片却包含着一台大型电脑所具有的运算功能和逻辑电路，比ENIAC的计算能力还要强大得多。从ENIAC4004只有25年，在历史的长河中只是一瞬间，ENIAC电脑占地170平方米，而微处理器仅仅占地……它还能用“占地”来描述吗？

1971年11月15日，英特尔公司决定在《电子新闻》杂志上刊登一则广告，向全世界公布微处理器，并据此声称“一个集成电子新纪元已经来临”。这一天，就是微处理器正式诞生的纪念日，它意味着电脑的中央处理器（CPU）已经缩微成一块集成电路，意味着“一块芯片上的计算机”诞生。

不久，英特尔公司另一种型号的微处理器8008研制成功。紧接着，在少许改进后，又推出最成功的微处理器8080，这种芯片及其仿制品后来共卖掉数以百万计。随着销售量的增大，它的价格也从最初每块360美元迅速降低到5元钱就可以买回。对此，英特尔公司的销售部经理恢谐地提出了一个“吉尔贝克定律”，作为“莫尔定律”的补充：“每一种芯片的单价最后都要降到只有5美元，除了那些卖不到5美元的芯片之外。”在价格方面，不到5美元的8080，比起ENIAC的40万巨资来，确实让人瞠目结舌。

中央处理器，磁芯内存及MSI PDP-8 / I总线界面。

在英特尔公司的带动下，1975年，摩托罗拉公司也宣布推出8位微处理

器 6800。1976 年，曾经为霍夫画出“干净利落芯片图纸”的费根，在硅谷组建了 ZILOG 公司，同时宣布研制成功 8 位微处理器 Z-80。于是，20 世纪 70 年代后期，8080、6800 和 Z-80 微处理器形成了三足鼎立的局面。

奔腾的时代

1992 年，萧瑟秋风悄然吹红了枫叶，硅谷又面临收获的季节。

英特尔公司格罗夫总裁一副神神密密的模样，等待大家入座。这是一次反常的秘密会议，与会者仅限于公司 20 名最高决策者。朝夕相处，相互十分信任的同仁们，都必须遵照格罗夫的指示，在会前宣誓保密，保证不对外界透露任何消息，特别不能对新闻界暴露珠丝马迹。

格罗夫开口说话：“先生们，今天我们将对新一代芯片的命名进行最后投票。请各位针对命名小组选定的三个名称，作出自己的选择。注意，”他竖起拇指，“每人只能选定一个名字。”

会场活跃起来。人们纷纷抢着发言，陈述对某一名称偏爱的理由，格罗夫非常认真地记着笔记。最后，全体人员都表明了自己的态度，就等着格罗夫总裁进行“民主集中”式的裁决。

格罗夫站起身：“我对各位的参与深表谢意。”大伙竖起耳朵等待下文，谁知格罗夫说完这句话，竟合上笔记本，转过身，旁若无人般离开了会议室。虞有澄最后一个走出会场。作为负责微处理器开发的副总裁，他深知

安德鲁·格罗夫

Intel 80386 DX–33 处理器

公司这款芯片的份量。早在密锣紧鼓推出486芯片系列产品的时候，虞有澄已在策划英特尔微处理器的换代产品。他把原来负责开发486芯片的邓汉姆（V.Dham）抽调出来，组织了近百人的研制队伍进行攻关。按照规划，新一代芯片将超越传统的设计框架，采用“超标量结构”的创新构思，设成两个分开执行的单元，能够同时执行两个指令，运算速度将达到每秒钟能执行1亿个指令。新款微处理器还将实现64位的内部运算，其优越的性能将使小型电脑系统都相形见绌。

用仅有25平方毫米的小芯片与一台完整的小型电脑较量，虞有澄领导下的工程师需要在狭小的硅片上设计310万枚晶体管，数目大大超过486芯片的120万枚，每个元件的宽度只有0.8微米，大约是一根头发丝的百分之一。

虞有澄心里揣摩着格罗夫的最后决断，一连好几天，不知道格罗夫的“葫芦”里究竟卖的什么“药”。新型微处理器就要上市，如果按照过去的传统，它应该沿袭数字化的方式，遵循286、386、486的系列顺理成章地命名为586。可是，打从386开始，就有数家半导体公司在仿照英特尔生产类似的芯片，同样自称386和486，致使他们把官司打到了最高法院。法官的判决书明确地写着：美国法律不可能对“386”之类的数字商标给予保护。想想也对，有谁能够限制别人使用12345呢？英特尔产品的数字化命名，本来就源于产品序列号，当初就不是什么商标嘛。格罗夫决心从“586”开始中断数字命名传统，目的是让英特尔在商战中占据有利的地位。

终于，格罗夫的身影出现在美国电视新闻的屏幕上：“我们下一代微

处理器将有一个崭新的名字——Pentium。”记者们赶紧去翻字典，所有的字典都没有这个单词。有人查出“Pent”的拉丁文词意是“第五”，而“ium”的词尾像是某种化学元素，听起来就像钙（Calcium）和氦（Helium）。原来，Pentium 意味着这个微处理器就是 586，它代表着电脑的第五代“元素”。Pentium 的中文译意比英文名称更加响亮，芯片大名叫“奔腾”。

Intel Pentium Pro 微处理器

1993 年 5 月，英特尔公司的奔腾处理器在一个小型记者招待会上发表，他们没有像比尔·盖茨发表视窗软件时那般大嗡大轰，格罗夫总裁对奔腾芯片的走红充满了必胜的信心，他认准了“市场领导者通常保持着沉默”的格言。

必要的宣传还是不可缺少的。英特尔公司巧妙地借助“奔腾”的汉语译音，打出了“送你一颗奔驰的芯”大幅广告（此广告是营销史上的又一个佳话），恰好配合了微软视窗 3.1 版配合出台，奔腾芯片的销量奔腾而上。1993 年，“奔腾”以及还在畅销的 486 电脑，再加上其他公司生产的林林总总的个人电脑，全球 PC 机的数量奇迹般地达到 4000 万台，并且第一次超过了汽车的销量。

到了 1994 年 11 月，奔腾电脑变成世界电脑市场的主流产品，全球已有 400 至 500 万颗“奔腾”的“芯”在各地电脑上工作，整个 PC 机的数量也达到 5000 万台，把电视机和录相机的销量统统甩到了身后。英特尔公司雄心勃勃，竟计划要在今后的日子里，每年生产出重达 1 吨的“奔腾”芯片。原本是一钱不值的砂粒，为英特尔公司挣到的是以“吨”为计量单位的美元。从此，电脑业进入了“奔腾时代”。

人机世纪战

“1997年5月11日，星期一，早晨4时50分，一台名叫“深蓝”的超级电脑象棋盘上的一个兵走到C4的位置时，人类有史以来最伟大的棋手不得不沮丧地承认自己输了。世纪末的一场人机大战终于以计算机的微弱优势取胜而告终。”

“人类最伟大的棋手”是苏联国际象棋世界冠军卡斯帕罗夫，而“深蓝”（DeepBlue）却是IBM公司研制的超级电脑，学名“AS/6000 SP大规模多用途并行处理机”。人类最伟大的象棋大师以2.5：3.5的比分败在一台电脑手下，顿时成为万众关注的最热门的新闻，仅在因特网上就有2700万人，络绎不绝地前往有关站点探究。新闻媒体以挑衅性的标题不断地发问：“深蓝”战胜是一个人，还是整个人类？连棋王都认了输，下一次人类还将输掉什么？智慧输掉了，人类还剩些什么？

被誉为“像人一样的机器”的“深蓝”电脑，“体重”1.4吨，“身高”208厘米，绿色的底座上立着两个黑色大柜子，共装有32个微处理器CPU，每个CPU上又有16个协处理器，实际共装备了32×16 = 512个微处理器。32个CPU都各自配置着256MB的内存，储存容量达到32×256 = 8192MB。“深蓝”的下棋软件程序大约有2万行之多，它的“思考”速度可以达到每秒2亿个棋步。在下棋的过程，“深蓝”高速预测当前棋局的每一种可能的

图与文

卡斯帕罗夫，俄罗斯国际象棋棋手，国际象棋特级大师，前国际象棋世界冠军。曾在1999年7月达到2851国际棋联国际等级分。

下法，平均可向前预测10～12步，最多一次预测达70棋步。在它的数据库里，储存着100多年来优秀棋手对弈的200多万个棋局，具有非常强大的棋力优势。

图与文

深蓝机组之一。“深蓝”是并行计算的电脑系统，1997年6月，深蓝在世界超级电脑中排名第259位。

卡斯帕罗夫在1988年大言不惭地宣称：2000年前电脑绝不会战胜特级象棋大师，如果有谁遇到了麻烦，尽管向他寻求“锦囊妙计”。然而，这一次居然输给了“深蓝”，卡斯帕罗夫无限感叹地表示，仿佛有一只“上帝之手”在暗中帮助“深蓝”，他要向全人类表达自己深深的歉意。

其实，并非有什么“上帝之手”，击败卡斯帕罗夫的战绩应该归功于“深蓝”设计师许峰雄博士。

“深蓝之父”许峰雄出生于中国的台湾省，从小就喜欢研究各种新鲜事，特别喜欢下国际象棋，常常幻想自己研制一台会下棋的机器。他在台大电机系学习的是机械工程专业，毕业后毅然选择到美国著名学府卡内基—梅隆大学攻读硕士和博士学位，因为这所大学不仅是世界研究国际象棋的中心，而且世界第一台能够下国际象棋的电脑就诞生在那里。

在卡内基—梅隆大学，许峰雄见到了那台能下国际象棋的电脑，发现它只能“见招拆招”，而且速度很慢，这种设计永远不可能战胜人类象棋大师。从1982年开始，许峰雄几乎把所有的精力都投入到了研究工作。1986年，他到台湾进行为期一个月的讲学，就在这段时间里，他构想多年的思路逐渐清晰。许峰雄设计的第一台能下棋的电脑叫“蕊验”。1987年，他的电脑在与其他电脑比赛中首次获得冠军，第二年，他把“蕊验”升级为“深思”，第一次战胜了国际象棋特级大师本特·拉尔森，引起了IBM公司的关注。1989年，许峰雄和他的两名助手带着具有250多个芯片、每秒能计算出750万步棋的“深思”电脑，来到IBM公司的沃森研究中心担任研究员，继续向更高的目标攀登。

许峰雄的最终目标是挑战世界冠军，可是，就在他来到IBM公司的当年，“深思”电脑第一次与卡斯帕罗夫交手，完全抵挡不住“第一高手”的凌厉攻势。许峰雄下决心继续改进和完善他的机器。他锲而不舍地攻克各种难关，甚至在餐厅吃饭和在篮球场上打球时也在思考着技术问题。

1995年，超级并行电脑“深蓝”正式诞生。它没有辜负许峰雄的期望，终于为它的“父亲”实现了多年来的夙愿。据说，“深蓝”在那场“世纪之战”中有好几招“神来之手”不仅令卡斯帕罗夫，也使许峰雄本人感到惊讶万分。最有趣的是，当卡斯帕罗夫的棋局处于不利的时候，他仍然习惯地睁大双眼瞪着许峰雄，似乎认为他才是自己的对手，必须用目光给对方造成心理上的压力。可这次卡斯帕罗夫的“心理战术”却完全失去了效果，“深蓝”根本不吃这一套，惹得许峰雄偷偷地笑个不停。

“深蓝”战胜了卡斯帕罗夫以后，很多人忧心忡忡，认为如果让机器具备了人类最引以为自豪的“思想”，那么，有了思想的机器会给人类带来危机。当人们问及许峰雄这次人机大战的意义时，许峰雄却持乐观态度，他说：“实际上，‘深蓝’只是一个战胜棋王的工具，我们利用这种工具超越了人脑的极限，是为人类开辟了一个新天地。就如同电话的发明超越了人类的速度极限，缩短了人类的距离一样。”

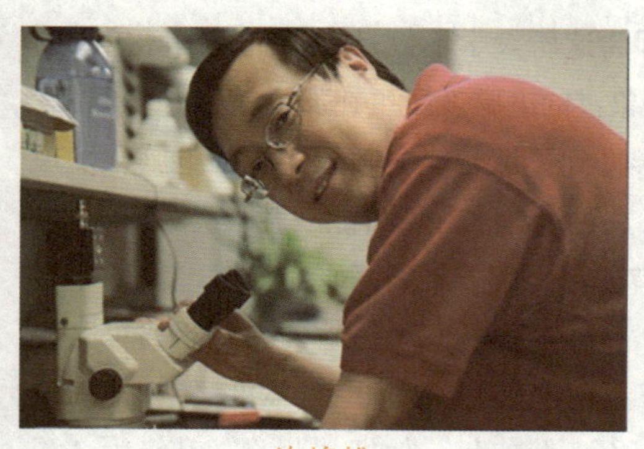
许峰雄

摩尔定律

摩尔定律是由英特尔（Intel）创始人之一戈登·摩尔（Gordon Moore）提出来的。其内容为：当价格不变时，积体电路（IC）

上可容纳的电晶体数目，约每隔 24 个月（1975 年摩尔将 24 个月更改为 18 个月）便会增加一倍，性能也将提升一倍；或者说，每一美元所能买到的电脑性能，将每隔 18 个月翻两倍以上。这一定律揭示了信息技术进步的速度。摩尔定律是简单评估半导体技术进展的经验法则，其重要的意义在于长期而言，IC 制程技术是以一直线的方式向前推展，使得 IC 产品能持续降低成本，提升性能，增加功能。

第二章

电脑的分类

电脑最初被研制出来是为了获得高速度的运算，显然，这个目的早已经达到。虽然，现在的计算机依然在追求高速度的运算，特别是在科研领域，具有超高的运算速度的超级计算机是科学家们一致的追求，但社会的极大丰富性要求计算机绝不仅仅只具备高速的运算能力，它应该被赋予多元化，以适应不同的社会需求。网络计算机是在一定应用领域中和网络环境下，应用程序运行和数据存储都在服务器上，本身没有硬盘、软驱、光驱的一种低成本、免升级、免维护、便操作、高可靠的终端客户机，是各行业信息化应用细分的必然产物。个人计算机是面向个人使用的计算机，它包括桌上型计算机、笔记本型计算机等等，它是时尚计算机的典型代表。

超级计算机——运算霸王

超级计算机技术

超级计算机技术已不再是一个新鲜的话题，美国 IBM、日本 NEC、中国国家并行计算机工程技术研究中心都已推出自己的超级计算机，但比较而言，以美国两院院士、“世界超级涡轮式刀片计算机之父”陈世卿博士为首的专家团队回归祖国后研发出的超级计算机仍然具有绝对的优势。

新一代的超级计算机采用涡轮式设计，每个刀片就是一个服务器，能实现协同工作，并可根据应用需要随时增减。单个机柜的运算能力可达 460.8 千亿次 / 秒，理论上协作式高性能超级计算机的浮点运算速度为 100 万亿次 / 秒，实际高性能运算速度测试的效率高达 84.35%，是名列世界最高效率的超级计算机之一。通过先进的架构和设计，它实现了存储和运算的分开，确保用户数据、资料在软件系统更新或 CPU 升级时不受任何影响，保障了存储信息的安全，真正实现了保持长时、高效、可靠的运算并易于升级和维护的优势。

克雷 –2（Cray 2）–1985 年至 1989 年时全球最快电脑

2011 年 6 月 21 日国际 TOP500 组织宣布，日本超级计算机“京”（K computer）以每秒 8162 万亿次运算速度成为全球最快的超级计算机。

由日本政府出资、富士通制造的巨型计算机“K Computer”目前落户于日本理化研究所，并成功从中国人手中夺回运算速度排行榜第一的宝座。以每秒8162万亿次运算速度成为全球最快的超级计算机。“K Computer”当前运算速度为每秒8千万亿次，而到2012年完全建成时，其运算速度将达到每秒1万万亿次。“K Computer”比现居第二的中国超级计算机速度快出约3倍，甚至比排名第2至第6的计算机运算速度总和还要快。

超级计算机的应用 〉〉〉

超级计算机是计算机中功能最强、运算速度最快、存储容量最大的一类计算机，多用于国家高科技领域和尖端技术研究，是国家科技发展水平和综合国力的重要标志。

随着超级计算机运算速度的迅猛发展，它也被越来越多的应用在工业、科研和学术等领域。我国现阶段超级计算机拥有量为22台（中国内地19台，香港1台，台湾2台），居世界第2位，就拥有量和运算速度在世界上处于领先地位，但就超级计算机的应用领域来说我们和发达国家美国、德国等国家相比还有较大差距。如何利用超级计算机来为我们的工业、科研和学术等领域服务已经成为我们今后研究发展的一个重要课题。超级计算机是一个国家科研实力的体现，它对国家安全，经济和社会发展具有举足轻重的意义。我国超级计算机及其应用的发展为我国走科技强国之路提供了坚实的基础和保证。

作为高科技发展的要素，超级计算机早已成为世界各国经济和国防方面的竞争利器。经过我国科技工作者几十年不懈的努力，我国的高性能计算机研制水平显著提高，成为继美国、日本之后的第三大高性能计算机研制生产国。

国家863软件专业孵化器（昆明）基地积极加强与由美国国家工程院院士、美国艺术与科学院院士、世界超级涡轮式刀片计算机之父陈世卿博

“天河一号”超级计算机

士领衔的超级计算核心技术和科学家团队的合作，计划引进其拥有完全自主知识产权的具有世界领先技术的超级计算机以及相关行业领域的解决方案，利用超级计算机强大的科学计算、事务处理和信息服务能力，借助其提供信息服务的强大引擎或平台，整合资源，协同作业，解决污染整治对算法、方程、建模、模拟等复杂计算的需求。

超级计算机被称为“经济转型和科学研究加速器”，超级计算机的广泛应用能够带动国家整体科技创新能力的增强。但是目前中国超级计算机普遍面临硬件性能强大应用领域匮乏的问题，科研机构、高校和企业用户目前存在超级计算机应用成本过高、软件开发滞后、设备利用率低等问题。

面对中国超级计算机的应用不足问题，我们看到了一些国内服务器主导厂商的努力转变，在 2009 年浪潮发布“倚天”桌面超级计算机，借助 CPU-GPU 协同计算加速架构，单机计算能力最高可达每秒 4 万亿次，真正实现了将超级计算机从庞大的机房和计算中心转移到了用户的桌面。

图与文

曙光星云计算机系统。中国自主研发的第一台实测性能超千万亿次的超级计算机，是世界上第三台同类计算机。其运算速度达每秒 1270 万亿次。

浪潮集团还与国际超级计算机大会组委会（International Supercomputing Conference，

简称 ISC）联合举办“首届中国大学生超级计算机竞赛暨 ISC12 国际大学生超级计算机竞赛中国区选拔赛”，比赛将使用一项基准性能测试（Linpack 测试）和四项应用测试（CPMD、CP2K、Openfoam、Nemo）重点考察参赛队组建的超级计算机的综合性能，具有明显的应用导向，是对参赛队伍超级计算机应用能力的全面考察。大赛主办方浪潮集团也强调，比赛将会成为一个权威、专业、公平的超算应用领域的竞赛和交流平台，推动中国超算的应用研究和人才培养。

世界超级计算机现状

美国劳伦斯·利弗莫尔（Lawrence·Livermore）国家实验室内，由 IBM 设计的蓝色基因 /L 在测试中以每秒 136.8 兆的计算速度记录一个高峰值之后恢复了最高点。IBM 称，在一次完整的过程中，系统应该有两倍的动力，即峰值表现超过 360 teraflops。

来自德国和美国的研究人员，每年两次颁布动力最为强大的 500 个计算机的名单。最近的名单出现在德国海德堡举行的国际超级计算机会议上。这些高端计算机都是由各种奇特的制造方法完成，而不是由标准成分组成的。尽管这样，计算机的运算也可以达到一个极高的速度。

过去两年，多数接近最高的 500 个名单的计算机是由普通的电脑硬盘连同新奇的软件组成。但是现在情况不同了，一些系统开始决定这些排名。举例来说，现在的冠军蓝色基因 / L，是经过特殊设计的系统，同时合并了空前的 65536 个人处理器，再加之可升级的模

图与文

IBM 蓝色基因超级计算机。蓝色基因是一个由 IBM 主导的计算机系统结构计划，用来制造一系列的超级计算机，已达到千兆（=1015）每秒的浮点运算的能力。

版设计。此系统不但比传统的系统更有动力而且也比较紧凑避免了供电不足。IBM 的汤姆斯 J 沃森研究中心设计的被称为 BGW 的蓝色基因机器是本次 500 名单中的第二名，这进一步说明了此设计理念的正确性。这一系统与蓝色基因 /L 的模组设计一样，只是有较小的处理器并且只可以记录 91.2 teraflops 峰值处理动力。

现在，没有一部在 1997 年制造的计算机有能力进入最高 500 名单。高速计算争霸的战争表明：传统计算机处理器与超级处理器的差别。日本政府最近宣布计划赞助一部处理速度高达 1000 teraflops- 或 petaflop 计算机的发展，希望可以早些面世。

世界十大超级计算机

1. 美洲豹

“美洲豹”超级计算机系统隶属于美国能源部，坐落于美国橡树岭国家实验室。在当时排行榜上，它以每秒 1.8 千万亿次的运算速度超越“走鹃”而名列榜首，它的运算速度比“走鹃”快大约 70%。“美洲豹”是一台民用计算机，将主要用于模拟气候变化、能源产生以及其他基础科学的研究。

美洲豹超级电脑是美国 Cray 公司建造的一台超级电脑使用 Cray XT5 设计架构

2. 走鹃

自 2008 年 6 月起到 2009 年 10 月之前，“走鹃”一直稳居 TOP500 排行榜榜首位置，它也是世界上第一台打破每秒千万亿次

运算速度的超级计算机。“走鹃”位于美国新墨西哥州的洛斯阿拉莫斯国家实验室，它也是一种 IBM 系统计算机，每秒运算速度可达 1042 万亿次。它采用了一系列专门针对游戏和商业的技术，包括用于索尼“游戏站 3”的九核 Cell 处理器和 AMD 双核皓龙处理器。因此，“走鹃”是全球第一台采用 Cell 处理器的混合式超级计算机。“走鹃”系统主要用于对美国核武器进行复杂而秘密的评估。

“走鹃”超级计算机

■ 3. 海妖

“海妖”超级计算机由美国田纳西大学国家计算科学研究院所研制。“海妖”系统中拥有 10 万个 AMD 双核皓龙处理器，运算速度为每秒 831 万亿次，它主要用于一些高端服务器或工作站中。“海妖”也是世界上由学术机构所拥有的运算速度最快的计算机。

■ 4. 尤金

“尤金”是欧洲运算速度最快的巨型计算机，曾经也名列全球排行榜第二名。它是由德国尤利希超级计算机中心所研制，采用的是 IBM 蓝色基因 /P 型机设计方案，使用许多小型、低能耗的芯片。该方案中，每一个独立处理器的最大运行速度为 850 兆赫，甚至比普通家用电脑的处理速度都还要慢。但是，“尤金”巨型机总共拥有 292000 个处理器芯片，如此多的芯片使得它的整体运算速度高达每秒 825 万亿次。

■ 5. 天河一号

“天河一号”是首次进入全球超级计算机 500 强排行榜。它是中国首台千万亿次超级计算机系统，其系统峰值性能为每秒 1206 万亿次双精度浮点运算，Linpack 测试值达到每秒 563.1 万亿次。“天河一号”是由天津滨海新区和国防科技大学共同建设的国家超级计算机天津中心所研制，它的运算速度是中国此前最快的超级计算机的四倍多。在“天河一号”中，共有 6144 个 Intel 处理器和 5120 个 AMD 图像处理单元（相当于普通电脑中的图像显示卡）。“天河一号”将广泛应用于航天、勘探、气象、金融等众多领域，为国内外提供超级计算服务。

超级计算机是世界高新技术领域的战略制高点，是体现科技竞争力和综合国力的重要标志。各大国均将其视为国家科技创新的重要基础设施，投入巨资进行研制开发。截止到 2012 年 6 月，目前世界上运算速度最快的超级计算机是，由 IBM 为美国劳伦斯·利弗莫尔国家实验室研发的 Sequoia，它每秒能完成 1.6 亿亿次运算。

IBM“Sequoia（红杉）”超级计算机

■日本“京”计算机

“京”（K Computer）是富士通与日本理化学研究所共同开发的超级电脑。位于日本神户的理化学研究所内。在 2011 年 6 月，TOP500 宣布硬件还未全部组装完成的京的 Linpack 测试达到了每秒 8.162 拍次浮点运算（8.162petaFLOPS），即每秒 8162 万亿次运算，同时效率达到了 93.0%，使其成为世界上最快的超级电脑。至 2011 年 11 月 15 日止在美国公布比较结果。“京”继 6

日本“京”计算机；“京”其中一个机架

月的比赛结果后，此次仍然夺得世界第一。同年 11 月，全部组装完成后的京 LINPACK 性能达到 10PFLOPS，创下了 10.51PFLOPS 的纪录，与逻辑性能 11.28PFLOPS 相比，运行效率达到 93.2%。

网络计算机——让世界变得更小

1995 年被认为是互联网络年。1996 年，网络计算机这种新装置问世的时机已到。这种朴实无华的装置用的是廉价的芯片，没有硬盘，能够在互联网络上存入或提取内容，售价低于 500 美元。这种新的机器代表了计算机工业界思想的根本改变。在理论上，网络计算机的所有者将用这种装置收发电子邮件，进行文字处理，并浏览数据库和环球网的网址。为存取电子数据表和电子游戏节目，用户会把专业性很强的应用程序从互联网络上卸载下来，计算税款和玩游戏，然后再把程序送回网络。

网络世界透过超文本协议连结成一个广大虚拟空间

网络计算机的竞争与发展

由于网络计算机的概念已确定，制造这一装置的竞赛正在展开。苹果、澳拉克尔和太阳微系统等计算机公司正在研制网络计算机的原型，计算机将产生一个新的家族，它们对操作系统和快速微处理芯片的依靠减少，但却更多地依靠互联网络上的数据库和服务器。

开发网络计算机的公司对这种机器的看法有很大不同。一些企业将把网络计算机做成在家用市场上出售的娱乐装置，看上去像盒式录相机。另外一些公司计划生产外观较传统的商业工具。太阳微系统公司说，它的网络计算机将是一种为公司客户设计的使用方便的环球网冲浪装置。奥拉克尔公司着眼于既能用于办公室，又能用于家庭的网络计算机。这家公司正在与计算机硬件商合作设计一种便携式笔记本型的网络计算机。苹果电脑公司已把一种网络计算机设计专利许可卖给了日本万代公司。从1996年起，万代公司将向日本的环球网用户推销这种产品。英国阿科恩计算机公司推出一种类似的装置，叫作“网络冲浪器”。LSI逻辑公司生产一种微芯片，可起网络计算机操作系统的作用。

网络计算机是在一定应用领域中和网络环境下，应用程序运行和数据存储都在服务器上，本身没有硬盘、软驱、光驱，并具有PC功能的一种低成本、免升级、免维护、便操作、权管理、强安全、高可靠的终端客户机。它能满足管理者和大众对信息处理和信息访问的需求，是各行业信息化应用细分的必然产物。

网络计算机的分类

服务器（Server）

专指某些高性能计算机，能通过网络，对外提供服务。相对于普通电脑来说，稳定性、安全性、性能等方面都要求更高，因此在CPU、芯片组、内存、磁盘系统、网络等硬件和普通电脑有所不同。服务器是网络的节点，存储、处理网络上80%的数据、信息，在网络中起到举足轻重的作用。它们是为客户端计算机提供各种服务的高性能的计算机，其高性能主要表现在高速度的运算能力、长时间的可靠运行、强大的外部数据吞吐能力等方面。服务器的构成与普通电脑类似，也有处理器、硬盘、内存、系统总线等，但因为它是针对具体的网络应用特别制定的，因而服务器与微机在处理能力、稳定性、可靠性、安全性、可扩展性、可管理性等方面存在差异很大。服务器主要有网络服务器（DNS、DHCP）、打印服务器、终端服务器、磁盘服务器、邮件服务器、文件服务器等。

■ 工作站（Workstation）

是一种以个人计算机和分布式网络计算为基础，主要面向专业应用领域，具备强大的数据运算与图形、图像处理能力，为满足工程设计、动画制作、科学研究、软件开发、金融管理、信息服务、模拟仿真等专业领域而设计开发的高性能计算机。它属于一种高档的电脑，一般拥有较大屏幕显示器和大容量的内存和硬盘，也拥有较强的信息处理功能和高性能的图形、图像处理功能以及联网功能。

无盘工作站是指无软盘、无硬盘、无光驱连入局域网的计算机。在网络系统中，把工作站端使用的操作系统和应用软件被全部放在服务器上，系统管理员只要完成服务器上的管理和维护，软件的升级和安装也只需要配置一次后，则整个网络中的所有计算机就都可以使用新软件。所以无盘工作站具有节省费用、系统的安全性高、易管理性和易维护性等优点，这对网络管理员来说具有很大的吸引力。

机架式服务器

无盘工作站的工作原理是由网卡的启动芯片（Boot ROM）以不同的形式向服务器发出启动请求号，服务器收到后，根据不同的机制，向工作站发送启动数

联想 Thinkstation c20 工作站

据，工作站下载完启动数据后，系统控制权由 Boot ROM 转到内存中的某些特定区域，并引导操作系统。

根据不同的启动机制，目前比较常用无盘工作站可分为 RPL 和 PXE。RPL 为 Remote Initial Program Load 的缩写，此技术常用于 Windows95 中。PXE 是 RPL 的升级品，它是 Preboot Execution Environment 的缩写。两者不同之处在于 RPL 是静态路由，而 PXE 是动态路由，其通信协议采用 TCP/IP，实现了与 Internet 连接高效而可靠，它常用于 Windows98、Windows NT、Windows2000、Windows XP 中 。

集线器

集线器（HUB）是一种共享介质的网络设备，它的作用可以简单地理解为将一些机器连接起来组成一个局域网，HUB 本身不能识别目的地址。集线器上的所有端口争用一个共享信道的带宽，因此随着网络节点数量的增加，数据传输量的增大，每节点的可用带宽将随之减少。另外，集线器采用广播的形式传输数据，即向所有端口传送数据。如当同一局域网内的 A 主机给 B 主机传输数据时，数据包在以 HUB 为架构的网络上是以广播方式传输的，对网

4 口以太网集线器

络上所有节点同时发送同一信息，然后再由每一台终端通过验证数据包头的地址信息来确定是否接收。其实接收数据的一般来说只有一个终端节点，而现在对所有节点都发送，在这种方式下，很容易造成网络堵塞，而且绝大部分数据流量是无效的，这样就造成整个网络数据传输效率相当低。另一方面由于所发送的数据包每个节点都能侦听到，容易给网络带来一些不安全隐患。

■ 交换机

交换机（Switch）是按照通信两端传输信息的需要，用人工或设备自动完成的方法把要传输的信息送到符合要求的相应路由上的技术统称。广义的交换机就是一种在通信系统中完成信息交换功能的设备，它是集线器的升级换代产品，外观上与集线器非常相似，其作用与集线器大体相同。但是两者在性能上有区别：集线器采用的是共享带宽的工作方式，而交换机采用的是独享带宽方式。即交换机上的所有端口均有独享的信道带宽，以保证每个端口上数据的快速有效传输，交换机为用户提供的是独占的、点对点的连接，数据包只被发送到目的端口，而不会向所有端口发送，其它节点很难侦听到所发送的信息，这样在机器很多或数据量很大时，不容易造成网络堵塞，也确保了数据传输安全，同时大大的提高了传输效率，两者的差别就比较明显了。

■ 路由器

路由器（Router）是一种负责寻径的网络设备，它在互联网络中从多条路径中寻找通讯量最少的一条网络路径提供给用户通信。路由器用于连接多个逻辑上分开的网络，为用户提供最佳的通信路径，路由器利用路由表为数据传输选择路径，路由表包含网络地址以及各地址之间距离的清单，路由器利用路由表查找数据包从当前位置到目的地址的正确路径，路由器使

以太网交换机

■图与文

一台正在工作中的 Linksys WRT54GL 无线路由器 Foundry NetIron XMR 路由器，黄色的光缆接续 10Gbps 带宽。

用最少时间算法或最优路径算法来调整信息传递的路径。路由器是产生于交换机之后，就像交换机产生于集线器之后，所以路由器与交换机也有一定联系，并不是完全独立的两种设备。路由器主要克服了交换机不能向路由转发数据包的不足。

交换机、路由器是一台特殊的网络计算机，它的硬件基础 CPU、存储器和接口，软件基础是网络互联操作系统 IOS。

交换机、路由器和 PC 机一样，有中央处理单元 CPU，而且不同的交换机、路由器，其 CPU 一般也不相同，CPU 是交换机、路由器的处理中心。

■ Wi-Fi

Wi-Fi，是由一个名为“无线以太网相容联盟”（Wireless Ethernet Compatibility Alliance，WECA）的组织所发布的业界术语，中文译为“无线相容认证”。它是一种短程无线传输技术，能够在数百英尺范围内支持互联网接入的无线电信号。随着技术的发展，以及 IEEE 802.11a 及 IEEE 802.11g 等标准的出现，现在 IEEE 802.11 这个标准已被统称作 Wi-Fi。从应用层面来说，要使用 Wi-Fi，用户首先要有 Wi-Fi 兼容的用户端装置。Wi-Fi 是一种帮助用户访问电子邮件、Web 和流式媒体的互联网技术，它为用户提供了无线的宽带互联网访问。同时，它也是在家里、办公室或在旅途中上网的快速、便捷的途径。能够访问 Wi-Fi 网络的地方被称为热点。

个人计算机——时尚流行的最前沿

PC（personal computer），个人计算机一词源自于1978年IBM的第一部桌上型计算机型号PC，在此之前有Apple II的个人用计算机。能独立运行、完成特定功能的个人计算机。个人计算机不需要共享其他计算机的处理、磁盘和打印机等资源也可以独立工作。今天，个人计算机一词则泛指所有的个人计算机，如桌上型计算机、笔记型计算机，或是兼容于IBM系统的个人计算机等。

主要类型

台式机（Desktop）

也叫桌面机，是一种独立相分离的计算机，完完全全跟其他部件无联系，相对于笔记本计算机和上网本计算机体积较大，主要部件如：主机、显示器等设备一般都是相对独立的，一般需要放置在电脑桌或者专门的工作台上。因此命名为台式机。为现在非常流行的微型计算机，多数人家里和公司用的机器都是台式机。台式机的性能相对较笔记本电脑要强。台式机具有如下特点：

台式机

散热性。台式机具有笔记本计算机所无法比拟的优点。台式机的机箱具有空间大、通风条件好的因素而一直被人们广泛使用。

扩展性。台式机的机箱方便用户硬件升级，如光驱、硬盘。如现在台式机箱的光驱驱动器插槽是4–5个，硬盘驱动器插槽是4–5个。非常方便用户日后的硬件升级。

保护性。台式机全方面保护硬件不受灰尘的侵害。而且防水性就不错；在笔记本中这项发展不是很好。

明确性。台式机机箱的开、关键重启键、USB、音频接口都在机箱前置面板中，方便用户的使用。

■ 电脑一体机

电脑一体机，是由一台显示器、一个电脑键盘和一个鼠标组成的电脑。它的芯片、主板与显示器集成在一起，显示器就是一台电脑，因此只要将键盘和鼠标连接到显示器上，机器就能使用。随着无线技术的发展，电脑一体机的键盘、鼠标与显示器可实现无线链接，机器只有一根电源线。这就解决了一直为人诟病的台式机线缆多而杂的问题。有的电脑一体机还具有电视接收、AV功能。

一体机

■ 笔记本电脑

（Notebook或Laptop），也称手提电脑或膝上型电脑，是一种小型、可携带的个人电脑，通常重1 ~ 3公斤。它和台式机架构类似，但是提供了更好的便携性：包括液晶显示器、较小的体积、较轻的重量。

笔记本电脑除了键盘外，还提供了触控板（TouchPad）或触控点（Pointing Stick），提供了更好的定位和输入功能。笔记本电脑可以大体上分为6类：

商务型、时尚型、多媒体应用、上网型、学习型、特殊用途。商务型笔记本电脑一般可以概括为移动性强、电池续航时间长、商务软件多；时尚型外观主要针对时尚女性；多媒体应用型笔记本电脑则有较强的图形、图像处理能力和多媒体的能力，尤其是播放能力，为享受型产品。而且，多媒体笔记本电脑多拥有较为强劲的独立显卡和声卡（均支持高清），并有较大的屏幕。上网本（Netbook）计算机就是轻便和低配置的笔记本电脑，具备上网、收发邮件以及即时信息（IM）等功能，并可以实现流畅播放流媒体和音乐。上网本比较强调便携性，多用于在出差、旅游甚至公共交通上的移动上网。学习型机身设计为笔记本外形，采用标准电脑操作，全面整合学习机、电子辞典、复读机、学生电脑等多种机器功能。特殊用途的笔记本电脑是服务于专业人士，可以在酷暑、严寒、低气压、战争等恶劣环境下使用的机型，有的较笨重，比如奥运会前期在“华硕珠峰大本营 IT 服务区”使用的华硕笔记本电脑。

卖场中的笔记本

掌上电脑（PDA）

掌上电脑是一种运行在嵌入式操作系统和内嵌式应用软件之上的、小巧、轻便、易带、实用、价廉的手持式计算设备。

它无论在体积、功能和硬件配备方面都比笔记本电脑简单轻便，但在功能、容量、扩展性、处理速度、操作系统和显示性能方面又远远优于电子记事簿。掌上电脑除了用来管理个人信息（如通讯录，计划等），而且还可以上网浏览页面，收发 Email，甚至还可以当作手机来用外，还具有：录音机功能、英汉汉英词典功能、全球时钟对照功能、提醒功能、休闲娱

掌上电脑（PDA）

乐功能、传真管理功能等等。掌上电脑的电源通常采用普通的碱性电池或可充电锂电池。掌上电脑的核心技术是嵌入式操作系统，各种产品之间的竞争也主要在此。在掌上电脑基础上加上手机功能，就成了智能手机（Smartphone）。智能手机除了具备手机的通话功能外，还具备了PDA分功能，特别是个人信息管理以及基于无线数据通信的浏览器和电子邮件功能。智能手机为用户提供了足够的屏幕尺寸和带宽，既方便随身携带，又为软件运行和内容服务提供了广阔的舞台，很多增值业务可以就此展开，如股票、新闻、天气、交通、商品、应用程序下载、音乐图片下载等等。

平板电脑

平板电脑是一款无须翻盖、没有键盘、大小不等、形状各异，却功能完整的电脑。其构成组件与笔记本电脑基本相同，但它是利用触笔在屏幕上书写，而不是使用键盘和鼠标输入，并且打破了笔记本电脑键盘与屏幕垂直的J型设计模式。它除了拥有笔记本电脑的所有功能外，还支持手写输入或语音输入，移动性和便携性更胜一筹。平板电脑由比尔盖茨提出，至少应该是X86架构，从

第一代 iPad

微软提出的平板电脑概念产品上看，平板电脑就是一款无须翻盖、没有键盘、小到足以放入女士手袋，但却功能完整的 PC。

嵌入式计算机

即嵌入式系统（embedded systems），是一种以应用为中心、以微处理器为基础，软硬件可裁剪的，适应应用系统对功能、可靠性、成本、体积、功耗等综合性严格要求的专用计算机系统。它一般由嵌入式微处理器、外围硬件设备、嵌入式操作系统以及用户的应用程序等四个部分组成。它是计算机市场中增长最快的领域，也是种类繁多，形态多种多样的计算机系统。嵌入式系统几乎包括了生活中的所有电器设备，如掌上 pda、计算器、电视机顶盒、手机、数字电视、多媒体播放器、汽车、微波炉、数字相机、家庭自动化系统、电梯、空调、安全系统、自动售货机、蜂窝式电话、消费电子设备、工业自动化仪表与医疗仪器等。

嵌入式系统 Soekris net4801，适用于网络应用程序

嵌入式系统的核心部件是嵌入式处理器，分成 4 类，即嵌入式微控制器（Micro Contrller Unit，MCU，俗称单片机）、嵌入式微处理器（Micro Processor Unit，MPU）、嵌入式 DSP 处理器（Digital Signal Processor，DSP）和嵌入式片上系统（System on Chip，SOC）。

软　件

所谓软件是指为方便使用计算机和提高使用效率而组织的程序以及用

于开发、使用和维护的有关文档。软件系统可分为系统软件和应用软件两大类。

■ 系统软件

系统软件由一组控制计算机系统并管理其资源的程序组成，其主要功能包括：启动计算机，存储、加载和执行应用程序，对文件进行排序、检索，将程序语言翻译成机器语言等。实际上，系统软件可以看作用户与计算机的接口，它为应用软件和用户提供了控制、访问硬件的手段，这些功能主要由操作系统完成。此外，编译系统和各种工具软件也属此类，它们从另一方面辅助用户使用计算机。

操作系统（Operating System，OS）

操作系统是管理、控制和监督计算机软件、硬件资源协调运行的程序系统，由一系列具有不同控制和管理功能的程序组成，它是直接运行在计算机硬件上的、最基本的系统软件，是系统软件的核心。操作系统是计算机发展中的产物，它的主要目的有两个：一是方便用户使用计算机，是用户和计算机的接口。比如用户键入一条简单的命令就能自动完成复杂的功能，这就是操作系统帮助的结果；二是统一管理计算机系统的全部资源，合理组织计算机工作流程，以便充分、合理地发挥计算机的效率。操作系统通常应包括下列五大功能模块：

Windows 7 Ultimate 桌面。Microsoft Windows 系列操作系统是在微软给 IBM 机器设计的 MS-DOS 的基础上设计的图形操作系统。

（1）处理器管理。当多个程序同时运行时，解决处理器（CPU）时间的分配问题。

（2）作业管理。完成某个独立任务的程序及其所需的数据组成一

个作业。作业管理的任务主要是为用户提供一个使用计算机的界面使其方便地运行自己的作业，并对所有进入系统的作业进行调度和控制，尽可能高效地利用整个系统的资源。

（3）存储器管理。为各个程序及其使用的数据分配存储空间，并保证它们互不干扰。

（4）设备管理。根据用户提出使用设备的请求进行设备分配，同时还能随时接收设备的请求（称为中断），如要求输入信息。

（5）文件管理。主要负责文件的存储、检索、共享和保护，为用户提供文件操作的方便。

■ 应用软件

为解决各类实际问题而设计的程序系统称为应用软件。从其服务对象的角度，又可分为通用软件和专用软件两类。应用软件可以拓宽计算机系统的应用领域，放大硬件的功能。

硬　件

完整的计算机系统包括两大部分，即硬件系统和软件系统。所谓硬件，是指构成计算机的物理设备，即由机械、电子器件构成的具有输入、存储、计算、控制和输出功能的实体部件。下面介绍一下电脑主机的各个部件：

（1）电源：电源是电脑中不可缺少的供电设备，它的作用是将 220V 交流转换为电脑中使用的 5V，12V，3.3V 直流电，其性能的好坏，直接影响到其他设备工作的稳定性，进而会影响整机的稳定性。

（2）主板：主板是电脑中各个部件工作的一个平台，它把电脑的各个部件紧密连接在一起，各个部件通过主板进行数据传输。也就是说，电脑中重要的“交通枢纽”都在主板上，它工作的稳定性影响着整机工作的稳定性。

（3）CPU：CPU（Central Precessing Unit）即中央处理器，是一台计算机的运算核心和控制核心。其功能主要是解释计算机指令以及处理计算机软件中的数据。CPU 由运算器、控制器、寄存器、高速缓存及实现它们之间联系的数据、控制及状态的总线构成。作为整个系统的核心，CPU 也是整个系统最高的执行单元，因此 CPU 已成为决定电脑性能的核心部件，很多用户都以它为标准来判断电脑的档次。

（4）内存：内存又叫内部存储器（RAM），属于电子式存储设备，它由电路板和芯片组成，特点是体积小，速度快，有电可存，无电清空，即电脑在开机状态时内存中可存储数据，关机后将自动清空其中的所有数据。内存有 DDR、DDR II、DDR III 三大类，容量 1 ~ 8GB。

（5）硬盘：硬盘属于外部存储器，由金属磁片制成，而磁片有记功能，所以储到磁片上的数据，不论在开机，还是关机，都不会丢失。硬盘容量很大，目前已达 TB 级，尺寸有 3.5 英寸、2.5 英寸、1.8 英寸、1.0 英寸等，接口有 IDE、SATA、SCSI 等，SATA 最普遍。

移动硬盘是以硬盘为存储介质，强调便携性的存储产品。目前市场上绝大多数的移动硬盘都是以标准硬盘为基础的，而只有很少部分的是以微型硬盘（1.8 英寸硬盘等），但价格因素决定着主流移动硬盘还是以标准笔记本硬盘为基础。因为采用硬盘为存储介质，因此移动硬盘在数据的读写模式与标准 IDE 硬盘是相同的。移动硬盘多采用 USB、IEEE1394 等传输速度较快的接口，可以较高的速度与系统进行数据传输。

（6）声卡：声卡是组成多媒体电脑必不可少的一个硬件设备，其作用是当发出播放命令后，声卡将电脑中的声音数字信号转换成模拟信号送到音箱上发出声音。

（7）显卡：显卡在工作时与显示器配合输出图形，文字，显卡的作用是将计算机系统所需要的显示信息进行转换驱动，并向显示器提供行扫描信号，控制显示器的正确显示，是连接显示器和个人电脑主板的重要元件，是“人机对话”的重要设备之一。

（8）网卡：网卡是工作在数据链路层的网路组件，是局域网中连接计算机和传输介质的接口，不仅能实现与局域网传输介质之间的物理连接和电信号匹配，还涉及帧的发送与接收、帧的封装与拆封、介质访问控制、

数据的编码与解码以及数据缓存的功能等。网卡的作用是充当电脑与网线之间的桥梁，它是用来建立局网并连接到 inerrnet 的重要设备之一。

在整合型主板中常把声卡、显卡、网卡部分或全部集成在主板上。

（9）调制解调器：调制解调器是通过电话线上网时必不可少的设备之一。它的作用是将电脑上处理的数字信号转换成电话线传输的模拟信号。随着 ADSL 宽带网的普及，调制解调器逐渐退出了市场。

（10）软驱：软驱用来读取软盘中的数据。软盘为可读写外部存储设备，与主板用 FDD 接口连接。现已淘汰。

（11）光驱：电脑用来读写光碟内容的机器，也是在台式机和笔记本便携式电脑里比较常见的一个部件。随着多媒体的应用越来越广泛，使得光驱在计算机诸多配件中已经成为标准配置。目前，光驱可分为 CD-ROM 驱动器、DVD 光驱（DVD-ROM）、康宝（COMBO）和刻录机等。

CD-ROM 内部

（12）显示器：显示器有大有小，有薄有厚，品种多样，其作用是把电脑处理完的结果显示出来。它是一个输出设备，是电脑必不可少的部件之一。分为 CRT、LCD、LED 三大类，目前主要的常见接口有 VGA、DVI、HDMI 三类。

（13）键盘：键盘是主要的输入设备通常为 104 或 105 键，用于把文字、数字等输到电脑上。

（14）鼠标：当人们移动鼠标时，电脑屏幕上就会有一个箭头指针跟着移动，并可以很准确地指到想指的位置，快速地在屏幕上定位，它是人们使用电脑不可缺少的部件之一。键盘鼠标接口有 PS/2 和 USB 两种。

现在所广泛运用的 LCD 显示器

（15）音箱：通过它可以把电脑中的声音播放出来。

（16）打印机：通过它可以把电脑中的文件打印到纸上，它是重要的输出设备之一。目前，在打印机领域形成了针式打印机、喷墨打印机、激光打印机三足鼎立的主流产品，各自发挥其优点，满足各界用户不同的需求。

（17）视频设备，如摄像头、扫描仪、数码相机、数码摄像机、电视卡等设备，用于处理视频信号。

（18）闪存盘

闪存盘通常也被称作优盘，U 盘，闪盘，是一个通用串行总线 USB 接口的无需物理驱动器的微型高容量移动存储产品，它采用的存储介质为闪存存储介质（Flash Memory）。闪存盘一般包括闪存（Flash Memory）、控制芯片和外壳。闪存盘是具有可多次擦写、速度快而

HP business inkjet3000 工作组级喷墨打印机

且防磁、防震、防潮的优点。闪盘采用流行的USB接口，体积只有大拇指大小，重量约20克，不用驱动器，无需外接电源，即插即用，实现在不同电脑之间进行文件交流，存储容量从1 ~ 32GB不等，满足不同的需求。

（19）移动存储卡及读卡器

存储卡是利用闪存（Flash Memory）技术达到存储电子信息的存储器，一般应用在数码相机、掌上电脑、MP3、MP4等小型数码产品中作为存储介质，所以样子小巧，有如一张卡片，所以称之为闪存卡。根据不同的生产厂商和不同的应用，闪存卡有SmartMedia（SM卡）、Compact Flash（CF卡）、Multi Media Card（MMC卡）、Secure Digital（SD卡）、Memory Stick（记忆棒）、TF卡等多种类型，这些闪存卡虽然外观、规格不同，但是技术原理都是相同的。

东芝SD（UHS-I）超极速存储卡

由于闪存卡本身并不能被直接电脑辨认，读卡器就是一个两者的沟通桥梁。读卡器Card Reader）可使用很多种存储卡，如Compact Flash or Smart Media or Microdrive存储卡等，作为存储卡的信息存取装置。读卡器使用USB1.1/USB2.0的传输介面，支持热拔插。与普通USB设备一样，只需插入电脑的USB端口，然后插用存储卡就可以使用了。按照速度来划分有USB1.1和USB2.0，按用途来划分，有单一读卡器和多合一读卡器。

■闪 存

闪存（Flash Memory）是一种长寿命的非易失性（在断电情况下仍能保

闪存芯片

持所存储的数据信息）的存储器，数据删除不是以单个的字节为单位而是以固定的区块为单位（注意：NOR Flash 为字节存储。），区块大小一般为 256KB 到 20MB。闪存是电子可擦除只读存储器（EEPROM）的变种，闪存与 EEPROM 不同的是，它能在字节水平上进行删除和重写而不是整个芯片擦写，这样闪存就比 EEPROM 的更新速度快。由于其断电时仍能保存数据，闪存通常被用来保存设置信息，如在电脑的 BIOS（基本输入输出程序）、PDA（个人数字助理）、数码相机中保存资料等。

第三章

电脑的核心组成

计算机是由硬件系统和软件系统两部分组成的。所谓硬件系统，是指构成计算机的物理设备，即由机械、光、电、磁器件构成的具有计算、控制、存储、输入和输出功能的实体部件，CPU、存储器、主板、内存、显卡、硬盘等这些都属于硬件系统。硬件系统是电脑的核心组成，没有这些硬件，就无法组成一部完整的电脑，正因为如此，这些硬件才被称为“硬设备”。随着电子系统的复杂化和人们要求的日益提高，硬件系统设计已经成为一门重要的学科，科研人员要做到的就是协调设计软硬件体系结构，以使系统工作在最佳工作状态。

电脑的“脑”——CPU

中央处理器（英文 Central Processing Unit，CPU）是一台计算机的运算核心和控制核心。CPU、内部存储器和输入/输出设备是电子计算机三大核心部件。其功能主要是解释计算机指令以及处理计算机软件中的数据。CPU由运算器、控制器和寄存器及实现它们之间联系的数据、控制及状态的总线构成。差不多所有的CPU的运作原理可分为四个阶段：提取（Fetch）、解码（Decode）、执行（Execute）和写回（Writeback）。CPU从存储器或高速缓冲存储器中取出指令，放入指令寄存器，并对指令译码，并执行指令。所谓的计算机的可编程性主要是指对CPU的编程。

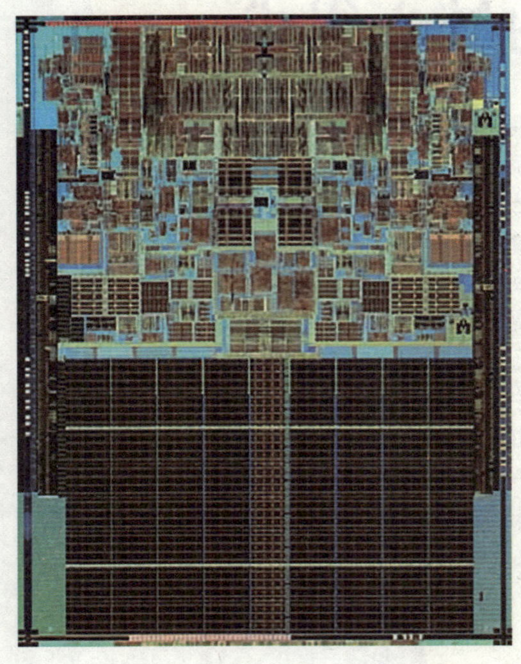

Intel Conroe 核心的 Core 2 Duo

CPU 的功能

计算机求解问题是通过执行程序来实现的。程序是由指令构成的序列，执行程序就是按指令序列逐条执行指令。一旦把程序装入主存储器（简称主存）中，就可以由 CPU 自动地完成从主存取指令和执行指令的任务。

CPU 具有以下 4 个方面的基本功能：

■ 指令顺序控制

这是指控制程序中指令的执行顺序。程序中的各指令之间是有严格顺序的，必须严格按程序规定的顺序执行，才能保证计算机工作的正确性。

■ 操作控制

一条指令的功能往往是由计算机中的部件执行一序列的操作来实现的。CPU 要根据指令的功能，产生相应的操作控制信号，发给相应的部件，从而控制这些部件按指令的要求进行动作。

■ 时间控制

时间控制就是对各种操作实施时间上的定时。在一条指令的执行过程中，在什么时间做什么操作均应受到严格的控制。只有这样，计算机才能有条不紊地自动工作。

■ 数据加工

即对数据进行算术运算和逻辑运算，或进行其他的信息处理。

AMD Phenom Quad-Core

工作原理 〉〉〉

CPU 从存储器或高速缓冲存储器中取出指令，放入指令寄存器，并对指令译码。它把指令分解成一系列的微操作，然后发出各种控制命令，执行微操作系列，从而完成一条指令的执行。

指令是计算机规定执行操作的类型和操作数的基本命令。指令是由一个字节或者多个字节组成，其中包括操作码字段、一个或多个有关操作数地址的字段以及一些表征机器状态的状态字以及特征码。有的指令中也直接包含操作数本身。

■提　取

第一阶段，提取，从存储器或高速缓冲存储器中检索指令（为数值或一系列数值）。由程序计数器（Program Counter）指定存储器的位置，程序计数器保存供识别目前程序位置的数值。换言之，程序计数器记录了 CPU 在目前程序里的踪迹。

提取指令之后，程序计数器根据指令长度增加存储器单元。指令的提取必须常常从相对较慢的存储器寻找，因此导致 CPU 等候指令的送入。这个问题主要被论及在现代处理器的快取和管线化架构。

■解　码

CPU 根据存储器提取到的指令来决定其执行行为。在解码阶段，指令被拆解为有意义的片断。根据 CPU 的指令集架构（ISA）定义将数值解译为指令。

一部分的指令数值为运算码（Opcode），其指示要进行哪些运算。其它的数值通常供给指令必要的信息，诸如一个加法（Addition）运算的运算目标。这样的运算目标也许提供一个常数值（即立即值），或是一个空间的定址值：暂存器或存储器位址，以定址模式决定。

在旧的设计中，CPU 里的指令解码部分是无法改变的硬件设备。不过在众多抽象且复杂的 CPU 和指令集架构中，一个微程序时常用来帮助转换指令为各种形态的讯号。这些微程序在已成品的 CPU 中往往可以重写，方便变更解码指令。

■执　行

在提取和解码阶段之后，接着进入执行阶段。该阶段中，连接到各种能够进行所需运算的 CPU 部件。

例如，要求一个加法运算，算术逻辑单元（ALU，Arithmetic Logic Unit）将会连接到一组输入和一组输出。输入提供了要相加的数值，而输出将含有总和的结果。ALU 内含电路系统，易于输出端完成简单的普通运算和逻辑运算（比如加法和位元运算）。如果加法运算产生一个对该 CPU 处

理而言过大的结果，在标志暂存器里，运算溢出（Arithmetic Overflow）标志可能会被设置。

写　回

最终阶段，写回，以一定格式将执行阶段的结果简单的写回。运算结果经常被写进 CPU 内部的暂存器，以供随后指令快速存取。在其他案例中，运算结果可能写进速度较慢，但容量较大且较便宜的主记忆体中。某些类型的指令会操作程序计数器，而不直接产生结果。这些一般称作“跳转”（Jumps），并在程式中带来循环行为、条件性执行（透过条件跳转）和函式。

许多指令会改变标志暂存器的状态位元。这些标志可用来影响程式行为，缘由于它们时常显出各种运算结果。

例如，以一个“比较”指令判断两个值大小，根据比较结果在标志暂存器上设置一个数值。这个标志可借由随后跳转指令来决定程式动向。

在执行指令并写回结果之后，程序计数器值会递增，反覆整个过程，下一个指令周期正常地提取下一个顺序指令。如果完成的是跳转指令，程序计数器将会修改成跳转到的指令位址，且程序继续正常执行。许多复杂的 CPU 可以一次提取多个指令、解码，并且同时执行。这个部分一般涉及“经典 RISC 管线”，那些实际上是在众多使用简单 CPU 的电子装置中快速普及（常称为微控制 Microcontrollers）。

基本结构 〉〉〉

CPU 包括运算逻辑部件、寄存器部件和控制部件等。

运算逻辑部件

运算逻辑部件，可以执行定点或浮点算术运算操作、移位操作以及逻辑操作，也可执行地址运算和转换。

寄存器部件

寄存器部件，包括通用寄存器、专用寄存器和控制寄存器。

通用寄存器又可分定点数和浮点数两类，它们用来保存指令中的寄存

MOS 6502 微处理器，双列直插式封装格式，一种非常流行的 8 位芯片

器操作数和操作结果。

通用寄存器是中央处理器的重要组成部分，大多数指令都要访问到通用寄存器。通用寄存器的宽度决定计算机内部的数据通路宽度，其端口数目往往可影响内部操作的并行性。

专用寄存器是为了执行一些特殊操作所需用的寄存器。

控制寄存器通常用来指示机器执行的状态，或者保持某些指针，有处理状态寄存器、地址转换目录的基地址寄存器、特权状态寄存器、条件码寄存器、处理异常事故寄存器以及检错寄存器等。

有的时候，中央处理器中还有一些缓存，用来暂时存放一些数据指令，缓存越大，说明 CPU 的运算速度越快，目前市场上的中高端中央处理器都有 2M 左右的二级缓存，高端中央处理器有 4M 左右的二级缓存。

控制部件

控制部件，主要负责对指令译码，并且发出为完成每条指令所要执行的各个操作的控制信号。

其结构有两种：一种是以微存储为核心的微程序控制方式；一种是以逻辑硬布线结构为主的控制方式。

微存储中保持微码，每一个微码对应于一个最基本的微操作，又称微指令；各条指令是由不同序列的微码组成，这种微码序列构成微程序。中央处理器在对指令译码以后，即发出一定时

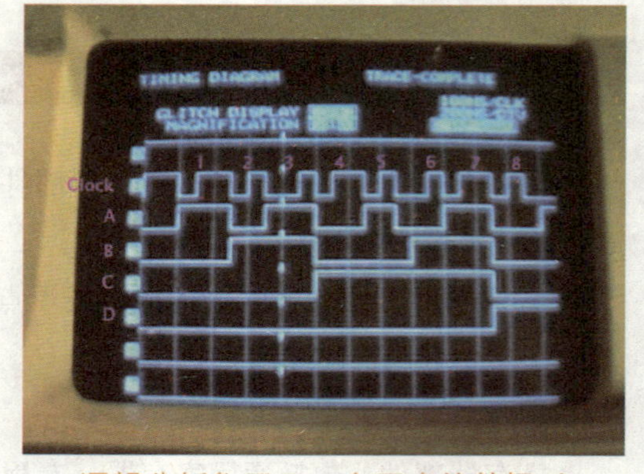

逻辑分析仪显示一个同步的数据系统中的时间与状态

序的控制信号，按给定序列的顺序以微周期为节拍执行由这些微码确定的若干个微操作，即可完成某条指令的执行。

简单指令是由（3 ~ 5）个微操作组成，复杂指令则要由几十个微操作甚至几百个微操作组成。

逻辑硬布线控制器则完全是由随机逻辑组成。指令译码后，控制器通过不同的逻辑门的组合，发出不同序列的控制时序信号，直接去执行一条指令中的各个操作。

性能指标 〉〉〉

■主 频

主频也叫时钟频率，单位是兆赫（MHz）或千兆赫（GHz），用来表示 CPU 的运算、处理数据的速度。

CPU 的主频 = 外频 × 倍频系数。主频和实际的运算速度存在一定的关系，但并不是一个简单的线性关系。所以，CPU 的主频与 CPU 实际的运算能力是没有直接关系的，主频表示在 CPU 内数字脉冲信号震荡的速度。在 Intel 的处理器产品中，也可以看到这样的例子：1 GHz Itanium 芯片能够表现得差不多跟 2.66 GHz 至强（Xeon）/Opteron 一样快，或是 1.5 GHz Itanium 大约跟 4 GHz Xeon/Opteron 一样快。CPU 的运算速度还要看 CPU 的流水线、总线等等各方面的性能指标。

AMD Opteron 六核心处理器

■外 频

外频是 CPU 的基准频率，单位是 MHz。CPU 的外频决定着整块主板的运行速度。通俗地说，在台式机中，所说的超频，都是超 CPU 的外频（当然一般情况下，CPU 的倍频都是被锁住的）相信这点是很好理解的。但对于服务器 CPU 来讲，超频是绝对不允许的。前面说到 CPU 决定着主板的运行速度，两者是同步运行的，如果把服务器 CPU 超频了，改变了外频，会产生异步运行，（台式机很多主板都支持异步运行）这样会造成整个服务器系统的不稳定。

目前的绝大部分电脑系统中外频与主板前端总线不是同步速度的，而外频与前端总线（FSB）频率又很容易被混为一谈。

前端总线（FSB）频率

前端总线（FSB）频率（即总线频率）是直接影响 CPU 与内存直接数据交换速度。有一条公式可以计算，即数据带宽 =（总线频率 × 数据位宽）/8，数据传输最大带宽取决于所有同时传输的数据的宽度和传输频率。比方，现在的支持 64 位的至强 Nocona，前端总线是 800MHz，按照公式，它的数据传输最大带宽是 6.4GB/ 秒。

外频与前端总线（FSB）频率的区别：前端总线的速度指的是数据传输的速度，外频是 CPU 与主板之间同步运行的速度。也就是说，100MHz 外频特指数字脉冲信号在每秒钟震荡一亿次；而 100MHz 前端总线频率指的是每秒钟 CPU 可接受的数据传输量是 100MHz × 64bit ÷ 8bit/Byte=800MB/s。

使用了陶瓷 PGA 封装的 Intel DX2 中央处理器

其实现在“HyperTransport”构架的出现，让这种实际意义上的前端总线（FSB）频率发生了变化。IA-32 架构必须有三大重要的构件：内存控制器 Hub（MCH），I/O 控制器 Hub 和 PCI Hub，像 Intel 很典型的芯片组 Intel 7501.Intel7505

芯片组，为双至强处理器量身定做的，它们所包含的 MCH 为 CPU 提供了频率为 533MHz 的前端总线，配合 DDR 内存，前端总线带宽可达到 4.3GB/s。但随着处理器性能不断提高同时给系统架构带来了很多问题。而“HyperTransport”构架不但解决了问题，而且更有效地提高了总线带宽，比方 AMD Opteron 处理器，灵活的 HyperTransportI/O 总线体系结构让它整合了内存控制器，使处理器不通过系统总线传给芯片组而直接和内存交换数据。这样的话，前端总线（FSB）频率在 AMD Opteron 处理器就不知道从何谈起了。

■ 倍频系数

倍频系数是指 CPU 主频与外频之间的相对比例关系。在相同的外频下，倍频越高 CPU 的频率也越高。但实际上，在相同外频的前提下，高倍频的 CPU 本身意义并不大。这是因为 CPU 与系统之间数据传输速度是有限的，一味追求高主频而得到高倍频的 CPU 就会出现明显的“瓶颈”效应－CPU 从系统中得到数据的极限速度不能够满足 CPU 运算的速度。一般除了工程样版的 Intel 的 CPU 都是锁了倍频的，少量的如 Intel? 酷睿 2 核心的奔腾双核 E6500K 和一些至尊版的 CPU 不锁倍频，而 AMD 之前都没有锁，现在 AMD 推出了黑盒版 CPU（即不锁倍频版本，用户可以自由调节倍频，调节倍频的超频方式比调节外频稳定得多）。

■ 缓　存

缓存大小也是 CPU 的重要指标之一，而且缓存的结构和大小对 CPU 速度的影响非常大，CPU 内缓存的运行频率极高，一般是和处理器同频运作，工作效率远远大于系统内存和硬盘。实际工作时，CPU 往往需要重复读取同样的数据块，而缓存容量的增大，可以大幅度提升 CPU 内部读取数据的命中率，而不用再到内存或者硬盘上寻找，以此提高系统性能。但是由于 CPU 芯片面积和成本的因素来考虑，缓存都很小。

L1Cache（一级缓存）是 CPU 第一层高速缓存，分为数据缓存和指令缓存。内置的 L1 高速缓存的容量和结构对 CPU 的性能影响较大，不过高速缓冲存储器均由静态 RAM 组成，结构较复杂，在 CPU 管芯面积不能太大的情况下，L1 级高速缓存的容量不可能做得太大。一般服务器 CPU 的 L1 缓存的容量通常在 32 - 256kB。

L2Cache（二级缓存）是 CPU 的第二层高速缓存，分内部和外部两种芯片。内部的芯片二级缓存运行速度与主频相同，而外部的二级缓存则只有主频的一半。L2 高速缓存容量也会影响 CPU 的性能，原则是越大越好，以前家庭用 CPU 容量最大的是 512kB，现在笔记本电脑中也可以达到 2M，而服务器和工作站上用 CPU 的 L2 高速缓存更高，可以达到 8M 以上。

L3Cache（三级缓存），分为两种，早期的是外置，现在的都是内置的。而它的实际作用即是，L3 缓存的应用可以进一步降低内存延迟，同时提升大数据量计算时处理器的性能。降低内存延迟和提升大数据量计算能力对游戏都很有帮助。而在服务器领域增加 L3 缓存在性能方面仍然有显著的提升。比方具有较大 L3 缓存的配置利用物理内存会更有效，故它比较慢的磁盘 I/O 子系统可以处理更多的数据请求。具有较大 L3 缓存的处理器提供更有效的文件系统缓存行为及较短消息和处理器队列长度。

其实最早的 L3 缓存被应用在 AMD 发布的 K6-Ⅲ处理器上，当时的 L3 缓存受限于制造工艺，并没有被集成进芯片内部，而是集成在主板上。在只能够和系统总线频率同步的 L3 缓存同主内存其实差不了多少。后来使用 L3 缓存的是英特尔为服务器市场所推出的 Itanium 处理器。接着就是 P4EE 和至强 MP。Intel 还打算推出一款 9MB L3 缓存的 Itanium2 处理器，和以后 24MB L3 缓存的双核心 Itanium2 处理器。

Intel 80486DX-33 中央处理器

但基本上 L3 缓存对处理器的性能提高显得不是很重要，比方配备 1MB L3 缓存的 Xeon MP

处理器却仍然不是 Opteron 的对手，由此可见前端总线的增加，要比缓存增加带来更有效的性能提升。

■ CPU 扩展指令集

CPU 依靠指令来自计算和控制系统，每款 CPU 在设计时就规定了一系列与其硬件电路相配合的指令系统。指令的强弱也是 CPU 的重要指标，指令集是提高微处理器效率的最有效工具之一。

从现阶段的主流体系结构讲，指令集可分为复杂指令集和精简指令集两部分（指令集共有四个种类），而从具体运用看，如 Intel 的 MMX（Multi Media Extended，此为 AMD 猜测的全称，Intel 并没有说明词源）、SSE、SSE2（Streaming-Single instruction multiple data-Extensions 2）、SSE3、SSE4 系列和 AMD 的 3DNow! 等都是 CPU 的扩展指令集，分别增强了 CPU 的多媒体、图形图像和 Internet 等的处理能力。

通常会把 CPU 的扩展指令集称为”CPU 的指令集”。SSE3 指令集也是目前规模最小的指令集，此前 MMX 包含有 57 条命令，SSE 包含有 50 条命令，SSE2 包含有 144 条命令，SSE3 包含有 13 条命令。

■ CPU 内核和 I/O 工作电压

从 586CPU 开始，CPU 的工作电压分为内核电压和 I/O 电压两种，通常 CPU 的核心电压小于等于 I/O 电压。其中内核电压的大小是根据 CPU 的生产工艺而定，一般制作工艺越小，内核工作电压越低；I/O 电压一般都在 1.6~5V。低电压能解决耗电过大和发热过高的问题。

■ AMD

超微半导体公司（英语：Advanced Micro Devices，Inc.，简称 AMD）是一家专注于微处理器与图形处理器设计和生产的跨国公司，总部位于美国加州旧金山湾区硅谷内的森尼韦尔市。AMD 为电脑、通信及消费电子市场供应各种集成电路产品，其中包括中央处理器、图形处理器、闪存、芯片组以及其他半导体技术。公司的主要设计及研究所位于美国和加拿大，主要生产设施位于德国，还在新加坡、马来西亚和中国等地设有测试中心。AMD 于 2006 年 7 月 24 日并购了 ATi 后，成为一家同时拥有 CPU 和 GPU

AMD 于森尼韦尔的公司总部；AMD K6 时代

等生产技术的半导体公司，也是唯一可与 Intel 和 NVIDIA 匹敌的厂商，在 2010 年第二季全球个人电脑中央处理器的市场占有率中，Intel 以 80.7%排名第一、AMD 以 19.0%位居第二，而 VIA 则占 0.3%。

电脑的“神经中枢”——主板

主板，又叫主机板（mainboard）、系统板（systemboard）或母板（motherboard）；它安装在机箱内，是微机最基本的也是最重要的部件之一。主板一般为矩形电路板，上面安装了组成计算机的主要电路系统，一般有 BIOS 芯片、I/O 控制芯片、键盘和面板控制开关接口、指示灯插接件、扩充插槽、主板及插卡的直流电源供电接插件等元件。

主板采用了开放式结构。主板上大都有6–15个扩展插槽，供PC机外围设备的控制卡（适配器）插接。通过更换这些插卡，可以对微机的相应子系统进行局部升级，使厂家和用户在配置机型方面有更大的灵活性。总之，主板在整个微机系统中扮演着举足轻重的角色。可以说，主板的类型和档次决定着整个微机系统的类型和档次，主板的性能影响着整个微机系统的性能。

ASUS A8N VM CSM 主板

构成部分 〉〉〉

■芯　片

BIOS芯片：是一块方块状的存储器，里面存有与该主板搭配的基本输入输出系统程序。能够让主板识别各种硬件，还可以设置引导系统的设备，调整CPU外频等。BIOS芯片是可以写入的，这方便用户更新BIOS的版本，以获取更好的性能及对电脑最新硬件的支持，当然不利的一面便是会让主板遭受诸如CIH病毒的袭击。

南北桥芯片：横跨AGP插槽左右两边的两块芯片就是南北桥芯片。南桥多位于PCI插槽的上面；而CPU插槽旁边，被散热片盖住的就是北桥芯片。芯片组以北桥芯片为核心，一般情况，主板的命名都是以北桥的核心名称命名的（如P45的主板就是用的P45的北桥芯片）。北桥芯片主要负责处理CPU、内存、显卡三者间的“交通”，由于发热量较大，因而需要散热

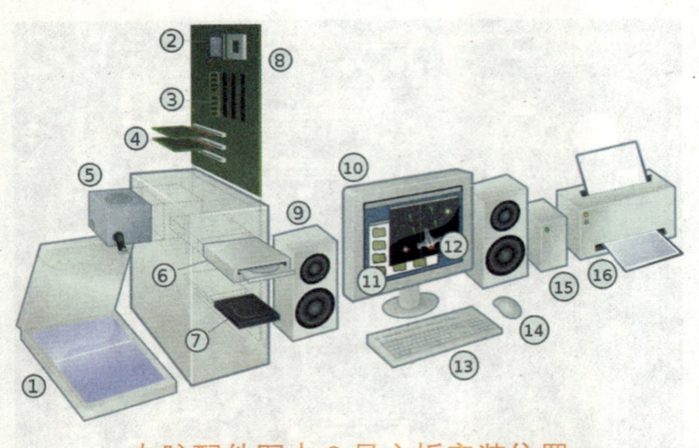

电脑配件图中 8 是主板安装位置

片散热。南桥芯片则负责硬盘等存储设备和 PCI 之间的数据流通。南桥和北桥合称芯片组。芯片组在很大程度上决定了主板的功能和性能。需要注意的是，AMD 平台中部分芯片组因 AMD CPU 内置内存控制器，可采取单芯片的方式，如 n Ⅵ DIA nForce 4 便采用无北桥的设计。从 AMD 的 K58 开始，主板内置了内存控制器，因此北桥便不必集成内存控制器，这样不但减少了芯片组的制作难度，同样也减少了制作成本。现在在一些高端主板上将南北桥芯片封装到一起，只有一个芯片，这样大大提高了芯片组的功能。

RAID 控制芯片：相当于一块 RAID 卡的作用，可支持多个硬盘组成各种 RAID 模式。目前主板上集成的 RAID 控制芯片主要有两种：HPT372 RAID 控制芯片和 Promise RAID 控制芯片。

■ 扩展槽

所谓的“插拔部分”是指这部分的配件可以用“插”来安装，用“拔”来反安装。

内存插槽：内存插槽一般位于 CPU 插座下方。本书介绍的是 DDR SDRAM 插槽，这种插槽的线数为 184 线。

AGP 插槽：颜色多为深棕色，位于北桥芯片和 PCI 插槽之间。AGP 插槽有 1×、2×、4× 和 8× 之分。AGP4× 的插槽中间没有间隔，AGP2× 则有。在 PCI Express 出现之前，AGP 显卡较为流行，其传输速度最高可达到 2133MB/s（AGP8×）。

PCI Express 插槽：随着 3D 性能要求的不断提高，AGP 已越来越不能满足视频处理带宽的要求，目前主流主板上显卡接口多转向 PCI Exprss。PCI Exprss 插槽有 1×、2×、4×、8× 和 16× 之分。注：目前主板支持双

卡：（n Ⅵ DIA SLI/ ATI 交叉火力）

PCI插槽: PCI插槽多为乳白色，可以插上软Modem、声卡、股票接受卡、网卡、检测卡、多功能卡等设备。

CNR插槽：多为淡棕色，长度只有PCI插槽的一半，可以接CNR的软Modem或网卡。这种插槽的前身是AMR插槽。CNR和AMR不同之处在于: CNR增加了对网络的支持性，并且占用的是ISA插槽的位置。共同点是它们都是把软Modem或是软声卡的一部分功能交由CPU来完成。这种插槽的功能可在主板的BIOS中开启或禁止。

■ 对外接口

硬盘接口：硬盘接口可分为IDE接口和SATA接口。在型号老些的主板上，多集成2个IDE口，通常IDE接口都位于PCI插槽下方，从空间上则垂直于内存插槽（也有横着的）。而新型主板上，IDE接口大多缩减，甚至没有，代之以SATA接口。

软驱接口：连接软驱所用，多位于IDE接口旁，比IDE接口略短一些，因为它是34针的，所以数据线也略窄一些。

COM接口（串口）：目前大多数主板都提供了两个COM接口，分别为COM1和COM2，作用是连接串行鼠标和外置Modem等设备。COM1接口的I/O地址是03F8h-03FFh，中断号是IRQ4；COM2接口的I/O地址是02F8h-02FFh，中断号是IRQ3。由此可见COM2接口比COM1接口的响应具有优先权，现在市面上已很难找到基于该接口的产品。

PS/2接口：PS/2接口的功能比较单一，仅能用于连接键盘和鼠标。一般情况下，鼠标的接口为绿色、键盘的接口为紫色。PS/2接口的传输速率比COM接口稍快一些，但这么多年使用之后，虽然现在绝大多数主板依然配备该接口，但支持该接口的鼠标和键盘越来越少，大部分外设厂商也不再推出基于该接口的外设产品，更多的是推出USB接口的外设产品，不过值得一提的时候，由于该接口使用非常广泛，因此很多使用者即使在使用USB也更愿意通过PS/2-USB转接器插到PS/2上使用，外加键盘鼠标每一代产品的寿命都非常长，因此接口现在依然使用效率极高，但在不久的将来，被 USB 接口所完全取代的可能性极高。

USB 接口：USB 接口是现在最为流行的接口，最大可以支持 127 个外设，并且可以独立供电，其应用非常广泛。USB 接口可以从主板上获得 500mA 的电流，支持热拔插，真正做到了即插即用。一个 USB 接口可同时支持高速和低速 USB 外设的访问，由一条四芯电缆连接，其中两条是正负电源，另外两条是数据传输线。高速外设的传输速率为 12Mbps，低速外设的传输速率为 1.5Mbps。此外，USB2.0 标准最高传输速率可达 480Mbps。USB3.0 已经开始出现在最新主板中，将在不久后被推广。

LPT 接口（并口）：一般用来连接打印机或扫描仪。其默认的中断号是 IRQ7，采用 25 脚的 DB-25 接头。并口的工作模式主要有三种：1. SPP 标准工作模式。SPP 数据是半双工单向传输，传输速率较慢，仅为 15Kbps，但应用较为广泛，一般设为默认的工作模式。2. EPP 增强型工作模式。EPP 采用双向半双工数据传输，其传输速率比 SPP 高很多，可达 2Mbps，目前已有不少外设使用此工作模式。3. ECP 扩充型工作模式。ECP 采用双向全双工数据传输，传输速率比 EPP 还要高一些，但支持的设备不多。现在使用 LPT 接口的打印机与扫描仪已经基本很少了，多为使用 USB 接口的打印机与扫描仪。

MIDI 接口：声卡的 MIDI 接口和游戏杆接口是共用的。接口中的两个针脚用来传送 MIDI 信号，可连接各种 MIDI 设备，例如电子键盘等，现在市面上已很难找到基于该接口的产品。

SATA 接口：SATA 的全称是 Serial Advanced Technology Attachment（串行高级技术附件，一种基于行业标准的串行硬件驱动器接口），是由 Intel、IBM、Dell、APT、Maxtor 和 Seagate 公司共同提出的硬盘接口规范，在 IDF Fall 2001 大会上，Seagate 宣布了 Serial ATA 1.0 标准，正式宣告了 SATA 规范的确立。SATA 规范将硬盘的外部传输速率理论值提高到了 150MB/s，比 PATA 标准 ATA/100 高出 50%，比 ATA/133 也要高出约 13%，而随着未来后续版本的发展，SATA 接口的速率还可扩展到 2X 和 4X（300MB/s 和 600MB/s）。从其发展计划来看，未来的 SATA 也将通过提升

时钟频率来提高接口传输速率，让硬盘也能够超频。

■ 半导体

AMD Socket A 主板

半导体是指一种导电性可受控制，范围可从绝缘体至导体之间的材料。无论从科技或是经济发展的角度来看，半导体的重要性都是非常巨大的。今日大部分的电子产品，如计算机、移动电话或是数字录音机当中的核心单元都和半导体有着极为密切的关联。常见的半导体材料有硅、锗、砷化镓等，而硅更是各种半导体材料中，在商业应用上最具有影响力的一种。半导体器件可以通过结构和材料上的设计达到控制电流传输的目的，并以此为基础构建各种处理不同信号的电路。这是半导体在当前电子技术中广泛应用的原因。

电脑的“记忆”——内存

在计算机的组成结构中，有一个很重要的部分，就是存储器。存储器是用来存储程序和数据的部件，对于计算机来说，有了存储器，才有记忆功能，才能保证正常工作。存储器的种类很多，按其用途可分为主存储器和辅助存储器，主存储器又称内存储器。

内存又称主存，是 CPU 能直接寻址的存储空间，由半导体器件制成。内存的特点是存取速率快。内存是电脑中的主要部件，它是相对于外存而言的。我们平常使用的程序，如 Windows 操作系统、打字软件、游戏软件等，

内　存

一般都是安装在硬盘等外存上的，但仅此是不能使用其功能的，必须把它们调入内存中运行，才能真正使用其功能，我们平时输入一段文字，或玩一个游戏，其实都是在内存中进行的。就好比在一个书房里，存放书籍的书架和书柜相当于电脑的外存，而我们工作的办公桌就是内存。通常我们把要永久保存的、大量的数据存储在外存上，而把一些临时的或少量的数据和程序放在内存上，当然内存的好坏会直接影响电脑的运行速度。

内存概述

内存就是暂时存储程序以及数据的地方，比如当我们在使用 WPS 处理文稿时，当你在键盘上敲入字符时，它就被存入内存中，当你选择存盘时，内存中的数据才会被存入硬（磁）盘。在进一步理解它之前，还应认识一下它的物理概念。

电脑的内存

内存一般采用半导体存储单元，包括随机存储器（RAM），只读存储器（ROM），以及高速缓存（CACHE）。只不过因为 RAM 是其中最重要的存储器。（synchronous）SDRAM 同步动态随机存取存储器：SDRAM 为 168 脚，这是目前 PENTIUM 及以上机型使用的内存。

SDRAM 将 CPU 与 RAM 通过一个相同的时钟锁在一起，使 CPU 和 RAM 能够共享一个时钟周期，以相同的速度同步工作，每一个时钟脉冲的上升沿便开始传递数据，速度比 EDO 内存提高 50%。DDR（DOUBLE DATA RATE）RAM：SDRAM 的更新换代产品，它允许在时钟脉冲的上升沿和下降沿传输数据，这样不需要提高时钟的频率就能加倍提高 SDRAM 的速度。

■ 只读存储器（ROM）

ROM 表示只读存储器（Read Only Memory），在制造 ROM 的时候，信息（数据或程序）就被存入并永久保存。这些信息只能读出，一般不能写入，即使机器停电，这些数据也不会丢失。ROM 一般用于存放计算机的基本程序和数据，如 BIOS ROM。其物理外形一般是双列直插式（DIP）的集成块。

■ 随机存储器（RAM）

随机存储器（Random Access Memory）表示既可以从中读取数据，也可以写入数据。当机器电源关闭时，存于其中的数据就会丢失。我们通常购买或升级的内存条就是用作电脑的内存，内存条（SIMM）就是将 RAM 集成块集中在一起的一小块电路板，它插在计算机中的内存插槽上，以减少 RAM 集成块占用的空间。目前市场上常见的内存条有 1G/ 条，2G/ 条，4G/ 条等。

■ 高速缓冲存储器（Cache）

Cache 也是我们经常遇到的概念，也就是平常看到的一级缓存（L1 Cache）、二级缓存（L2 Cache）、三级缓存（L3 Cache）这些数据，它位于 CPU 与内存之间，是一个读写速度比内存更快的存储器。当 CPU 向内存中写入或读出数据时，这个数据也被存储进高速缓冲存储器中。当 CPU 再次需要这些数据时，CPU 就从高速缓冲存储器读取数据，而不是访问较慢的内存，当然，如需要的数据在 Cache 中没有，CPU 会再去读取内存中的数据。

■ 物理存储器和地址空间

物理存储器和存储地址空间是两个不同的概念。但是由于这两者有十分密切的关系，而且两者都用 B、kB、MB、GB 来度量其容量大小，因此容易产生认识上的混淆。初学者弄清这两个不同的概念，有助于进一步认识内存储器和用好内存储器。

物理存储器是指实际存在的具体存储器芯片。如主板上装插的内存条和装载有系统的 BIOS 的 ROM 芯片，显示卡上的显示 RAM 芯片和装载显示 BIOS 的 ROM 芯片，以及各种适配卡上的 RAM 芯片和 ROM 芯片都是物理存储器。

存储地址空间是指对存储器编码（编码地址）的范围。所谓编码就是对每一个物理存储单元（一个字节）分配一个号码，通常叫作“编址”。分配一个号码给一个存储单元的目的是为了便于找到它，完成数据的读写，这就是所谓的“寻址”（所以，有人也把地址空间称为寻址空间）。

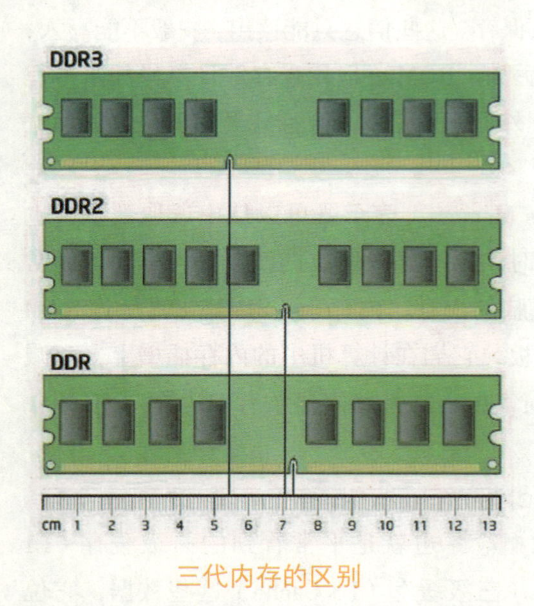

三代内存的区别

地址空间的大小和物理存储器的大小并不一定相等。举个例子来说明这个问题：某层楼共有 17 个房间，其编号为 801 ~ 817。这 17 个房间是物理的，而其地址空间采用了三位编码，其范围是 800 ~ 899 共 100 个地址，可见地址空间是大于实际房间数量的。

对于 386 以上档次的微机，其地址总线为 32 位，因此地址空间可达 2 的 32 次方，即 4GB。（虽然如此，但是我们一般使用的一些操作系统例如 windows xp、却最多只能识别或者使用 3.25G 的内存，64 位的操作系统能识别并使用 4G 和 4G 以上的的内存。

扩充内存

到 1984 年，即 286 被普遍接受不久，人们越来越认识到 640kB 的限制已成为大型程序的障碍，这时，Intel 和 Lotus，这两家硬、软件的杰出代表，联手制定了一个由硬件和软件相结合的方案，此方法使所有 PC 机存取 640kB 以上 RAM 成为可能。而 Microsoft 刚推出 Windows 不久，对内存空间的要求也很高，因此它也及时加入了该行列。

在 1985 年初，Lotus、Intel 和 Microsoft 三家共同定义了 LIM – EMS，即扩充内存规范，通常称 EMS 为扩充内存。当时，EMS 需要一个安装在 I/O 槽口的内存扩充卡和一个称为 EMS 的扩充内存管理程序方可使用。但是 I/O 插槽的地址线只有 24 位（ISA 总线），这对于 386 以上档次的 32 位机是不能适应的。所以，现在已很少使用内存扩充卡。现在微机中的扩充内存通常是用软件如 DOS 中的 EMM386 把扩展内存模拟或扩充内存来使用。所以，扩充内存和扩展内存的区别并不在于其物理存储器的位置，而在于使用什么方法来读写它。下面将作进一步介绍。

前面已经说过扩充存储器也可以由扩展存储器模拟转换而成。EMS 的原理和 XMS 不同，它采用了页帧方式。页帧是在 1MB 空间中指定一块 64kB 空间（通常在保留内存区内，但其物理存储器来自扩展存储器），分为 4 页，每页 16kB。EMS 存储器也按 16kB 分页，每次可交换 4

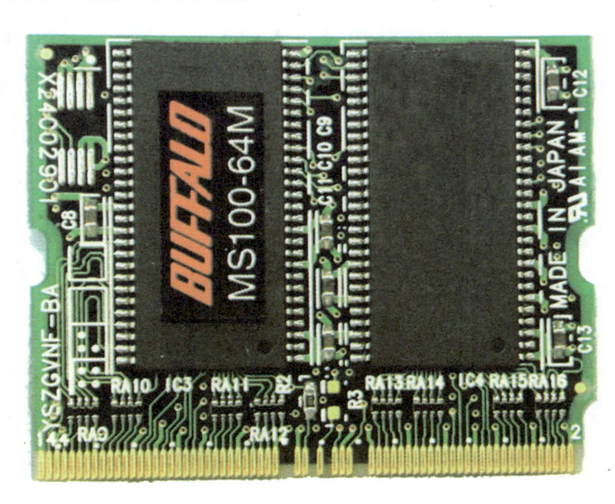

扩充内存

页内容，以此方式可访问全部 EMS 存储器。符合 EMS 的驱动程序很多，常用的有 EMM386.EXE、QEMM、TurboEMS、386MAX 等。DOS 和 Windows 中都提供了 EMM386.EXE。

扩展内存

我们知道，286 有 24 位地址线，它可寻址 16MB 的地址空间，而 386 有 32 位地址线，它可寻址高达 4GB 的地址空间，为了区别起见，我们把 1MB 以上的地址空间称为扩展内存 XMS（eXtend memory）。

在 386 以上档次的微机中，有两种存储器工作方式，一种称为实地址方式或实方式，另一种称为保护方式。在实方式下，物理地址仍使用 20 位，所以最大寻址空间为 1MB，以便与 8086 兼容。保护方式采用 32 位物理地址，寻址范围可达 4GB。DOS 系统在实方式下工作，它管理的内存空间仍为 1MB，因此它不能直接使用扩展存储器。为此，Lotus、Intel、AST 及 Microsoft 公司建立了 MS – DOS 下扩展内存的使用标准，即扩展内存规范 XMS。我们常在 Config.sys 文件中看到的 Himem.sys 就是管理扩展内存的驱动程序。

扩展内存管理规范的出现迟于扩充内存管理规范。

高端内存区

通常用十六进制写为 XXXX：XXXX。实际的物理地址由段地址左移 4 位再和段内偏移相加而成。若地址各位均为 1 时，即为 FFFF：FFFF。其实际物理地址为：FFF0+FFFF=10FFEF，约为 1088kB（少 16 字节），这已超过 1MB 范围进入扩展内存了。这个进入扩展内存的区域约为 64kB，是 1MB 以上空间的第一个 64kB。我们把它称为高端内存区 HMA（High Memory Area）。HMA 的物理存储器是由扩展存储器取得的。因此要使

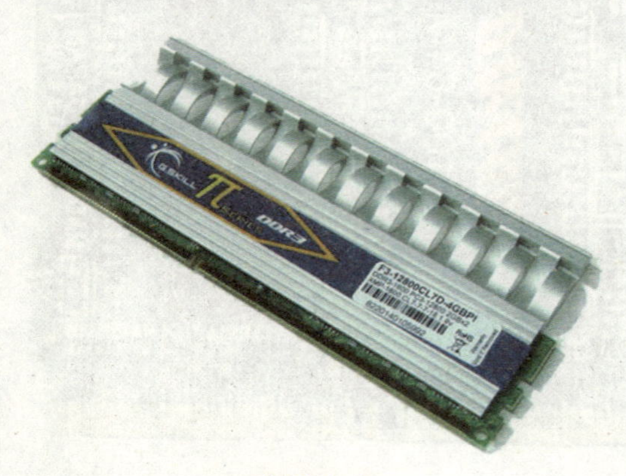

高端内存

用 HMA，必须要有物理的扩展存储器存在。此外 HMA 的建立和使用还需要 XMS 驱动程序 HIMEM.SYS 的支持，因此只有装入了 HIMEM.SYS 之后才能使用 HMA。

■ 上位内存

为了解释上位内存的概念，还得回过头看看保留内存区。保留内存区是指 640kB ~ 1024kB（共 384kB）区域。这部分区域在 PC 诞生之初就明确是保留给系统使用的，用户程序无法插足。但这部分空间并没有充分使用，因此大家都想对剩余的部分打主意，分一块地址空间（注意：是地址空间，而不是物理存储器）来使用。于是就得到了又一块内存区域 UMB。

UMB（Upper Memory Blocks）称为上位内存或上位内存块。它是由挤占保留内存中剩余未用的空间而产生的，它的物理存储器仍然取自物理的扩展存储器，它的管理驱动程序是 EMS 驱动程序。

■ SHADOW（影子）内存

对于装有 1MB 或 1MB 以上物理存储器的机器，其 640kB ~ 1024kB 这部分物理存储器如何使用的问题。由于这部分地址空间已分配为系统使用，所以不能再重复使用。为了利用这部分物理存储器，在某些 386 系统中，提供了一个重定位功能，即把这部分物理存储器的地址重定位为 1024kB ~ 1408kB。这样，这部分物理存储器就变成了扩展存储器，当然可以使用了。但这种重定位功能在当今高档机器中不再使用，而把这部分物理存储器保留作为 Shadow 存储器。Shadow 存储器可以占据的地址空间与对应的 ROM 是相同的。Shadow 由 RAM 组成，其速度大大高于 ROM。当把 ROM 中的内容（各种 BIOS 程序）装入相同地址的 Shadow RAM 中，就可以从 RAM 中访问 BIOS，而不必再访问 ROM。这样将大大提高系统性能。因此在设置 CMOS 参数时，应将相应的 Shadow 区设为允许使用（Enabled）。

■ 奇／偶校验

奇 / 偶校验（ECC）是数据传送时采用的一种校正数据错误的一种方式，分为奇校验和偶校验两种。

如果是采用奇校验，在传送每一个字节的时候另外附加一位作为校验位，当实际数据中“1”的个数为偶数的时候，这个校验位就是“1”，否则这个校验位就是“0”，这样就可以保证传送数据满足奇校验的要求。在接收方收到数据时，将按照奇校验的要求检测数据中“1”的个数，如果是奇数，表示传送正确，否则表示传送错误。

同理偶校验的过程和奇校验的过程一样，只是检测数据中“1”的个数为偶数。

■ CL 延迟

CL 反应时间是衡定内存的另一个标志。CL 是 CAS Latency 的缩写，指的是内存存取数据所需的延迟时间，简单的说，就是内存接到 CPU 的指令后的反应速度。一般的参数值是 2 和 3 两种。数字越小，代表反应所需的时间越短。在早期的 PC133 内存标准中，这个数值规定为 3，而在 Intel 重新制订的新规范中，强制要求 CL 的反应时间必须为 2，这样在一定程度上，对于内存厂商的芯片及 PCB 的组装工艺要求相对较高，同时也保证了更优秀的品质。因此在选购品牌内存时，这是一个不可不察的因素。

还有另的诠释：内存延迟基本上可以解释成是系统进入数据进行存取操作就序状态前等待内存响应的时间。打个形象的比喻，就像你在餐馆里用餐的过程一样。你首先要点菜，然后就等待服务员给你上菜。同样的道理，内存延迟时间设置的越短，电脑从内存中读取数据的速度也就越快，进而电脑其他的性能也就越高。这条规则双双适用于基于英特尔以及 AMD 处理器的系统中。由于没有比 2-2-2-5 更低的延迟，因此国际内存标准组织认为以现在的动态内存技术还无法实现 0 或者 1 的延迟。

通常情况下，我们用 4 个连着的阿拉伯数字来表示一个内存延迟，例如 2-2-2-5。其中，第一个数字最为重要，它表示的是 CAS Latency，也就是内存存取数据所需的延迟时间。第二个数字表示的是 RAS-CAS 延迟，接下来的两个数字分别表示的是 RAS 预充电时间和 Act-to-Precharge 延迟。而第四个数字一般而言是它们中间最大的一个。

电脑的视觉神经——显卡

显卡全称显示接口卡（Video card，Graphics card），又称为显示适配器（Video adapter），显示器配置卡简称为显卡，是个人电脑最基本组成部分之一。显卡的用途是将计算机系统所需要的显示信息进行转换驱动，并向显示器提供行扫描信号，控制显示器的正确显示，是连接显示器和个人电脑主板的重要元件，是“人机对话”的重要设备之一。显卡作为电脑主机里的一个重要组成部分，承担输出显示图形的任务，对于从事专业图形设计的人来说显卡非常重要。

显 卡

工作原理 〉〉〉

数据（data）一旦离开 CPU，必须通过 4 个步骤，最后才会到达显示屏：

1. 从总线（bus）进入 GPU（Graphics Processing Unit，图形处理器）：将CPU送来的数据送到北桥（主桥）再送到GPU（图形处理器）里面进行处理。

2. 从 video chipset（显卡芯片组）进入 video RAM（显存）：将芯片处理完的数据送到显存。

3. 从显存进入Digital Analog Converter（= RAM DAC，随机读写存储数—模转换器）：从显存读取出数据再送到 RAM DAC 进行数据转换的工作（数字信号转模拟信号）。但是如果是 DVI 接口类型的显卡，则不需要经过数字信号转模拟信号。而直接输出数字信号。

4. 从 DAC 进入显示器（Monitor）：将转换完的模拟信号送到显示屏。

显示效能是系统效能的一部份，其效能的高低由以上四步所决定，它与显示卡的效能（video performance）不太一样，如要严格区分，显示卡的效能应该受中间两步所决定，因为这两步的资料传输都是在显示卡的内部。第一步是由 CPU（运算器和控制器一起组成的计算机的核心，称为微处理器或中央处理器）进入到显示卡里面，最后一步是由显示卡直接送资料到显示屏上。

基本结构

■ GPU（类似于主板的 CPU）

GPU 全称是 Graphic Processing Unit，中文翻译为“图形处理器”。NVIDIA 公司在发布 GeForce 256 图形处理芯片时首先提出的概念。GPU 使显卡减少了对 CPU 的依赖，并进行部分原本 CPU 的工作，尤其是在 3D 图形处理时。GPU 所采用的核心技术有硬件 T&L（几何转换和光照处理）、立方环境材质贴图和顶点混合、纹理压缩和凹凸映射贴图、双重纹理四像素 256 位渲染引擎等，而硬件 T&L 技术可以说是 GPU 的标志。GPU 的生产主要由 nVIDIA 与 AMD 两家厂商生产。

■ 显存（类似于主板的内存）

显存是显示内存的简称。其主要功能就是暂时储存显示芯片要处理的数据和处理完毕的数据。图形核心的性能愈强，需要的显存也就越多。以前的显存主要是 SDR 的，容量也不大。市面上的显卡大部分采用的是 GDDR3 显存，现在最新的显卡则采用了性能更为出色的 GDDR4 或 GDDR5 显存。

■ 显卡 BIOS（类似于主板的 BIOS）

显卡 BIOS 主要用于存放显示芯片与驱动程序之间的控制程序，另外还存有显示卡的型号、规格、生产厂家及出厂时间等信息。打开计算机时，

通过显示 BIOS 内的一段控制程序，将这些信息反馈到屏幕上。早期显示 BIOS 是固化在 ROM 中的，不可以修改，而多数显示卡则采用了大容量的 EPROM，即所谓的 Flash BIOS，可以通过专用的程序进行改写或升级。

显卡分类

集成显卡

集成显卡是将显示芯片、显存及其相关电路都做在主板上，与主板融为一体；集成显卡的显示芯片有单独的，但大部分都集成在主板的北桥芯片中；一些主板集成的显卡也在主板上单独安装了显存，但其容量较小，集成显卡的显示效果与处理性能相对较弱，不能对显卡进行硬件升级，但可以通过 CMOS 调节频率或刷入新 BIOS 文件实现软件升级来挖掘显示芯片的潜能。

集成显卡的优点：是功耗低、发热量小、部分集成显卡的性能已经可以媲美入门级的独立显卡，所以不用花费额外的资金购买显卡。

集成显卡的缺点：性能相对略低，不能换新显卡，要说必须换，就只能和主板一次性的换。

独立显卡

独立显卡是指将显示芯片、显存及其相关电路单独做在一块电路板上，自成一体而作为一块独立的板卡存在，它需占用主板的扩展插槽（ISA、PCI、AGP 或 PCI-E）。

独立显卡的优点：单独安装有显存，一般不占用系统内存，在技术上也较集成显卡先进得多，比集成显卡能够得到更好的显示效果和性能，容易进行显卡的硬件升级。

装有集成显卡的主板

独立显卡

独立显卡的缺点：系统功耗有所加大，发热量也较大，需额外花费购买显卡的资金，同时（特别是对笔记本电脑）占用更多空间。

当前最先进的独立显卡分别是英伟达的 GTX690 和 AMD 的 HD6990

核芯显卡

核芯显卡是 Intel 新一代图形处理核心，和以往的显卡设计不同，Intel 凭借其在处理器制程上的先进工艺以及新的架构设计，将图形核心与处理核心整合在同一块基板上，构成一颗完整的处理器。智能处理器架构这种设计上的整合大大缩减了处理核心、图形核心、内存及内存控制器间的数据周转时间，有效提升处理效能并大幅降低芯片组整体功耗，有助于缩小了核心组件的尺寸，为笔记本、一体机等产品的设计提供了更大选择空间。

需要注意的是，核芯显卡和传统意义上的集成显卡并不相同。目前笔记本平台采用的图形解决方案主要有“独立”和“集成”两种，前者拥有单独的图形核心和独立的显存，能够满足复杂庞大的图形处理需求，并提供高效的视频编码应用；集成显卡则将图形核心以单独芯片的方式集成在主板上，并且动态共享部分系统内存作为显存使用，因此能够提供简单的图形处理能力，以及较为流畅的编码应用。相对于前两者，核芯显卡则将图形核心整合在处理器当中，进一步加强了图形处理的效率，并把集成显卡中的“处理器＋南桥＋北桥（图形核心＋内存控制＋显示输出）”三芯片解决方案精简为“处理器（处理核心＋图形核心＋内存控制）＋主板芯片（显示输出）”的双芯片模式，有效降低了核心组件的整体功耗，更利于延长笔记本的续航时间。

核芯显卡的优点：低功耗是核芯显卡的最主要优势，由于新的精简架

构及整合设计，核芯显卡对整体能耗的控制更加优异，高效的处理性能大幅缩短了运算时间，进一步缩减了系统平台的能耗。高性能也是它的主要优势：核芯显卡拥有诸多优势技术，可以带来充足的图形处理能力，相较前一代产品其性能的进步十分明显。核芯显卡可支持 DX10、SM4.0、OpenGL2.0、以及全高清 Full HD MPEG2/H.264/VC-1 格式解码等技术，即将加入的性能动态调节更可大幅提升核芯显卡的处理能力，令其完全满足于普通用户的需求。

Intel HD Graphics（核心显卡）

核心显卡的缺点：配置核芯显卡的 CPU 通常价格较高，同时其难以胜任大型游戏。

独显接口 〉〉〉

PCI 接口

PCI（Peripheral Component Interconnect）接口由英特尔（Intel）公司 1991 年推出的用于定义局部总线的标准。此标准允许在计算机内安装多达 10 个遵从 PCI 标准的扩展卡。最早提出的 PCI 总线工作在 33MHz 频率之下，传输带宽达到 133MB/s（33MHz * 32bit/s），基本上满足了当时处理器的发展需要。随着对更高性能的要求，1993 年又提出了 64bit 的 PCI 总线，后来又提出把 PCI 总线的频率提升到 66MHz。PCI 接口的速率最高只有 266MB/S，1998 年之后便被 AGP 接口代替。不过仍然有新的 PCI 接口的显卡推出，因为有些服务器主板并没有提供 AGP 或者 PCI-E 接口，或者需要组建多屏输出，选购 PCI 显卡仍然是最实惠的方式。

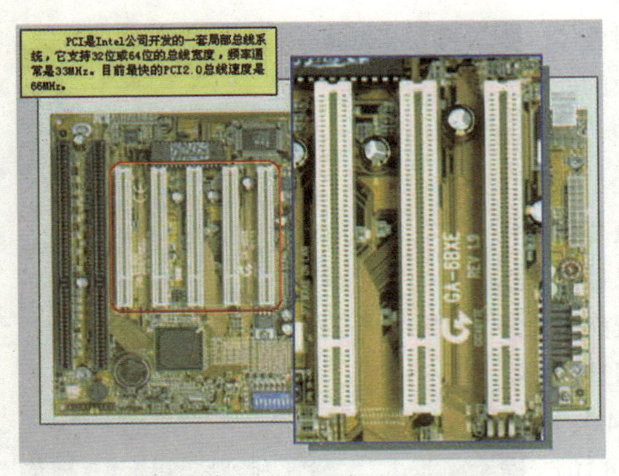

PCI

AGP 接口

AGP（Accelerate Graphical Port，加速图像处理端口）接口是 Intel 公司开发的一个视频接口技术标准，是为了解决 PCI 总线的低带宽而开发的接口技术。它通过将图形卡与系统主内存连接起来，在 CPU 和图形处理器之间直接开辟了更快的总线。其发展经历了 AGP1.0（AGP1X/2X）、AGP2.0（AGP4X）、AGP3.0（AGP8X）。最新的 AGP8X 其理论带宽为 2.1Gbit/ 秒。到 2009 年，已经被 PCI-E 接口基本取代（2006 年大部分厂家已经停止生产）。

PCI Express 接口

PCI Express（简称 PCI-E）是新一代的总线接口，而采用此类接口的显卡产品，已经在 2004 年正式面世。早在 2001 年的春季“英特尔开发者论坛”上，英特尔公司就提出了要用新一代的技术取代 PCI 总线和多种芯片的内部连接，并称之为第三代 I/O 总线技术。随后在 2001 年底，包括 Intel、AMD、DELL、IBM 在内的 20 多家业界主导公司开始起草新技术的规范，并在 2002 年完成，对其正式命名为 PCI Express。

NVIDIA 创始人兼执行长黄仁勋

NVIDIA

NVIDIA（全称 NVIDIA Corporation），创立于 1993 年 1 月，是一家以设计显示芯片和芯片组为主的半导体公司。NVIDIA 亦会设计游戏机核心，例如 Xbox 和 PlayStation 3。NVIDIA 最出名的产品线是为个人与游戏玩家所设计的 GeForce 系列，为专业工作站而设计的 Quadro 系列，以及为服务器和高效运算而设计的 Tesla 系列。NVIDIA 的总部设在美国加利福尼亚州的圣克拉拉。是一家无晶圆（Fabless）IC 半导体设计公司。现任总裁为黄仁勋。

能装得下世界的——硬盘

硬盘是电脑主要的存储媒介之一，由一个或者多个铝制或者玻璃制的碟片组成。这些碟片外覆盖有铁磁性材料。绝大多数硬盘都是固定硬盘，被永久性地密封固定在硬盘驱动器中。硬盘分为固态硬盘（SSD）和机械硬盘（HDD）；SSD 采用闪存颗粒来存储，HDD 采用磁性碟片来存储。

硬盘内部结构

物理结构

磁 头

磁头是硬盘中最昂贵的部件，也是硬盘技术中最重要和最关键的一环。传统的磁头是读写合一的电磁感应式磁头，但是，硬盘的读、写却是两种截然不同的操作，为此，这种二合一磁头在设计时必须要同时兼顾到读/写两种特性，从而造成了硬盘设计上的局限。而MR磁头（Magnetoresistive heads），即磁阻磁头，采用的是分离式的磁头结构：写入磁头仍采用传统的磁感应磁头（MR磁头不能进行写操作），读取磁头则采用新型的MR磁头，即所谓的感应写、磁阻读。这样，在设计时就可以针对两者的不同特性分别进行优化，以得到最好的读/写性能。另外，MR磁头是通过阻值变化而不是电流变化去感应信号幅度，因而对信号变化相当敏感，读取数据的准确性也相应提高。而且由于读取的信号幅度与磁道宽度无关，故磁道可以做得很窄，从而提高了盘片密度，达到200MB/英寸2，而使用传统的磁头只能达到20MB/英寸2，这也是MR磁头被广泛应用的最主要原因。目前，MR磁头已得到广泛应用，而采用多层结构和磁阻效应更好的材料制作的GMR磁头（Giant Magnetoresistive heads）也逐渐普及。

■ 磁　道

当磁盘旋转时，磁头若保持在一个位置上，则每个磁头都会在磁盘表面划出一个圆形轨迹，这些圆形轨迹就叫做磁道。这些磁道用肉眼是根本看不到的，因为它们仅是盘面上以特殊方式磁化了的一些磁化区，磁盘上的信息便是沿着这样的轨道存放的。相邻磁道之间并不是紧挨着的，这是因为磁化单元相隔太近时磁性会相互产生影响，同时也为磁头的读写带来困难。一张1.44MB的3.5英寸软盘，一面有80个磁道，而硬盘上的磁道密度则远远大于此值，通常一面有成千上万个磁道。

硬盘内部

■ 扇　区

磁盘上的每个磁道被等分为若干个弧段，这些弧段便是磁盘的扇区，每个扇区可以存放 512 个字节的信息，磁盘驱动器在向磁盘读取和写入数据时，要以扇区为单位。1.44MB3.5 英寸的软盘，每个磁道分为 18 个扇区。

■柱　面

硬盘通常由重叠的一组盘片构成，每个盘面都被划分为数目相等的磁道，并从外缘的“0”开始编号，具有相同编号的磁道形成一个圆柱，称之为磁盘的柱面。磁盘的柱面数与一个盘单面上的磁道数是相等的。无论是双盘面还是单盘面，由于每个盘面都有自己的磁头，因此，盘面数等于总的磁头数。所谓硬盘的 CHS，即 Cylinder（柱面）、Head（磁头）、Sector（扇区），只要知道了硬盘的 CHS 的数目，即可确定硬盘的容量，硬盘的容量 = 柱面数 * 磁头数 * 扇区数 *512B。

逻辑结构 〉〉〉

■3D 参数

很久以前，硬盘的容量还非常小的时候，人们采用与软盘类似的结构生产硬盘。也就是硬盘盘片的每一条磁道都具有相同的扇区数。由此产生了所谓的 3D 参数（Disk Geometry）。即磁头数（Heads），柱面数（Cylinders），扇区数（Sectors），以及相应的寻址方式。

其中：

磁头数（Heads）表示硬盘总共有几个磁头，也就是有几面盘片，最大为 255（用 8 个二进制位存储）

柱面数（Cylinders）表示硬盘每一面盘片上有几条磁道，最大为 1023（用 10 个二进制位存储）

扇区数（Sectors）表示每一条磁道上有几个扇区，最大为 63（用 6 个二进制位存储）

每个扇区一般是 512 个字节，理论上讲这不是必须的，但好像没有取别的值的。

所以磁盘最大容量为：

255*1023*63*512/1048576=7.837 GB（1M =1048576 Bytes）

或硬盘厂商常用的单位：

255 * 1023 * 63 * 512 / 1000000 = 8.414 GB（1M =1000000 Bytes）

在 CHS 寻址方式中，磁头，柱面，扇区的取值范围分别为 0 到 Heads – 1。0 到 Cylinders – 1。1 到 Sectors（注意是从 1 开始）。

基本 Int 13H 调用

BIOS Int 13H 调用是 BIOS 提供的磁盘基本输入输出中断调用，它可以完成磁盘（包括硬盘和软盘）的复位，读写，校验，定位，诊，格式化等功能。它使用的就是 CHS 寻址方式，因此最大识能访问 8 GB 左右的硬盘（本文中如不作特殊说明，均以 1M = 1048576 字节为单位）。

现代硬盘结构

在老式硬盘中，由于每个磁道的扇区数相等，所以外道的记录密度要远低于内道，因此会浪费很多磁盘空间（与软盘一样）。为了解决这一问题，进一步提高硬盘容量，人们改用等密度结构生产硬盘。也就是说，外圈磁道的扇区比内圈磁道多，采用这种结构后，硬盘不再具有实际的 3D 参数，寻址方式也改为线性寻址，即以扇区为单位进行寻址。

为了与使用 3D 寻址的老软件兼容（如使用 BIOSInt13H 接口的软件），在硬盘控制器内部安装了一个地址翻译器，由它负责将老式 3D 参数翻译成新的线性参数。这也是为什么现在硬盘的 3D 参数可以有多种选择的原因（不同的工作模式，对应不同的 3D 参数，如 LBA，LARGE，NORMAL）。

电脑配件 – 硬盘

扩展 Int 13H

虽然现代硬盘都已经采用了线性寻

址，但是由于基本 Int13H 的制约，使用 BIOS Int 13H 接口的程序，如 DOS 等还只能访问 8 G 以内的硬盘空间。为了打破这一限制，Microsoft 等几家公司制定了扩展 Int 13H 标准（Extended Int13H），采用线性寻址方式存取硬盘，所以突破了 8 G 的限制，而且还加入了对可拆卸介质（如活动硬盘）的支持。

基本参数

容　量

作为计算机系统的数据存储器，容量是硬盘最主要的参数。

硬盘的容量以兆字节（MB/MiB）或千兆字节（GB/GiB）为单位，1GB=1024MB 而 1GiB=1024MiB。但硬盘厂商通常使用的是 GB，也就是 1G=1024MB，而 Windows 系统，就依旧以“GB”字样来表示“GiB”单位（1024 换算的），因此我们在 BIOS 中或在格式化硬盘时看到的容量会比厂家的标称值要小。

硬盘的容量指标还包括硬盘的单碟容量。所谓单碟容量是指硬盘单片盘片的容量，单碟容量越大，单位成本越低，平均访问时间也越短。

一般情况下硬盘容量越大，单位字节的价格就越便宜，但是超出主流容量的硬盘略微例外。

转　速

转速（Rotational Speed 或 Spindle speed），是硬盘内电机主轴的旋转速度，也就是硬盘盘片在一分钟内所能完成的最大转数。转速的快慢是标示硬盘档次的重要参数之一，它是决定硬盘内部传输率的关键因素之一，在很大程度上直接影响到硬盘的速度。硬盘的转速越快，硬盘寻找文件的速度也就越快，相对的硬盘的传输速度也就得到了提高。硬盘转速以每分钟多少转来表示，单位表示为 RPM，RPM 是 Revolutions Per minute 的缩写，是转 / 每分钟。RPM 值越大，内部传输率就越快，访问时间就越短，硬盘的整体性能也就越好。

硬盘的主轴马达带动盘片高速旋转，产生浮力使磁头飘浮在盘片上方。要将所要存取资料的扇区带到磁头下方，转速越快，则等待时间也就越短。因此转速在很大程度上决定了硬盘的速度。

家用的普通硬盘的转速一般有 5400rpm、7200rpm 几种，高转速硬盘也是现在台式机用户的首选；而对于笔记本用户则是 4200rpm、5400rpm 为主，虽然已经有公司发布了 10000rpm 的笔记本硬盘，但在市场中还较为少见；服务器用户对硬盘性能要求最高，服务器中使用的 SCSI 硬盘转速基本都采用 10000rpm，甚至还有 15000rpm 的，性能要超出家用产品很多。较高的转速可缩短硬盘的平均寻道时间和实际读写时间，但随着硬盘转速的不断提高也带来了温度升高、电机主轴磨损加大、工作噪音增大等负面影响。

平均访问时间

平均访问时间（Average Access Time）是指磁头从起始位置到达目标磁道位置，并且从目标磁道上找到要读写的数据扇区所需的时间。

平均访问时间体现了硬盘的读写速度，它包括了硬盘的寻道时间和等待时间，即：平均访问时间 = 平均寻道时间 + 平均等待时间。

硬盘的平均寻道时间（Average Seek Time）是指硬盘的磁头移动到盘面指定磁道所需的时间。这个时间当然越小越好，目前硬盘的平均寻道时间通常在 8ms 到 12ms 之间，而 SCSI 硬盘则应小于或等于 8ms。

移动硬盘

硬盘的等待时间，又叫潜伏期（Latency），是指磁头已处于要访问的磁道，等待所要访问的扇区旋转至磁头下方的时间。平均等待时间为盘片旋转一周所需的时间的一半，一般应在 4ms 以下。

传输速率

传输速率（Data Transfer Rate）硬盘的数据传输率是

指硬盘读写数据的速度，单位为兆字节每秒（MB/s）。硬盘数据传输率又包括了内部数据传输率和外部数据传输率。

内部传输率（Internal Transfer Rate）也称为持续传输率（Sustained Transfer Rate），它反映了硬盘缓冲区未用时的性能。内部传输率主要依赖于硬盘的旋转速度。

外部传输率（External Transfer Rate）也称为突发数据传输率（Burst Data Transfer Rate）或接口传输率，它标称的是系统总线与硬盘缓冲区之间的数据传输率，外部数据传输率与硬盘接口类型和硬盘缓存的大小有关。

目前 Fast ATA 接口硬盘的最大外部传输率为 16.6MB/s，而 Ultra ATA 接口的硬盘则达到 33.3MB/s。

使用 SATA（Serial ATA）口的硬盘又叫串口硬盘，是未来 PC 机硬盘的趋势。2001 年，由 Intel、APT、Dell、IBM、希捷、迈拓这几大厂商组成的 Serial ATA 委员会正式确立了 Serial ATA 1.0 规范。2002 年，虽然串行 ATA 的相关设备还未正式上市，但 Serial ATA 委员会已抢先确立了 Serial ATA 2.0 规范。Serial ATA 采用串行连接方式，串行 ATA 总线使用嵌入式时钟信号，具备了更强的纠错能力，与以往相比其最大的区别在于能对传输指令（不仅仅是数据）进行检查，如果发现错误会自动矫正，这在很大程度上提高了数据传输的可靠性。串行接口还具有结构简单、支持热插拔的优点。

■ 缓　存

缓存（Cache memory）是硬盘控制器上的一块内存芯片，具有极快的存取速度，它是硬盘内部存储和外界接口之间的缓冲器。由于硬盘的内部数据传输速度和外界介面传输速度不同，缓存在其中起到一个缓冲的作用。缓存的大小与速度是直接关系到硬盘的传输速度的重要因素，能够大幅度地提高硬盘整体性能。当硬盘存取零碎数据时需要不断地在硬盘与内存之间交换数据，有大缓存，则可以将那些零碎数据暂存在缓存中，减小外系统的负荷，也提高了数据的传输速度。

■ 固态硬盘

固态硬盘 SSD（Solid State Disk、IDE FLASH DISK、Serial ATA Flash

固态硬盘（SSD）

Disk）是由控制单元和存储单元（FLASH 芯片）组成，简单的说就是用固态电子存储芯片阵列而制成的硬盘（目前最大容量为 1.6TB），固态硬盘的接口规范和定义、功能及使用方法上与普通硬盘的完全相同。在产品外形和尺寸上也完全与普通硬盘一致，包括 3.5″，2.5″，1.8″ 多种类型。由于固态硬盘没有普通硬盘的旋转介质，因而抗震性极佳，同时工作温度很宽，扩展温度的电子硬盘可工作在 -45℃ ~ +85℃。广泛应用于军事、车载、工控、视频监控、网络监控、网络终端、电力、医疗、航空等、导航设备等领域。

第四章

电脑的使用

诸如主板、内存以及CPU等部件是电脑的硬件系统，是电脑的核心组成，但电脑光有这些“硬设备”是无法使用的，还称不上完整的电脑，电脑只有具备了软件系统，才算完整，也才能使用。软件系统是计算机系统中由软件组成的部分，它包括操作系统、语言处理系统、数据库系统、分布式软件系统和人机交互系统等。电脑只有具备了硬软件系统，而且这两个系统能够协调兼容，才能使用，二者缺一不可。随着电子技术的发展和人们需要的提高，协调设计新的具有更高兼容性的软硬件体系结构成为科研人员的努力方向。

程　序

计算机程序或者软件程序（通常简称程序）是指一组指示计算机或其他具有讯息处理能力装置每一步动作的指令，通常用某种程序设计语言编写，运行于某种目标体系结构上。打个比方，一个程序就像一个用汉语（程序设计语言）写下的红烧肉菜谱（程序），用于指导懂汉语和烹饪手法的人（体系结构）来做这个菜。通常，计算机程序要经过编译和连结而成为一种人们不易看清而计算机可解读的格式，然后运行。未经编译就可运行的程序，通常称之为脚本程序（script）。

程序的运行

为了一个程序运行，计算机加载程序代码，可能还要加载数据，从而初始化成一个开始状态，然后调用某种启动机制。在最低层上，这些是由一个加载器开始的。

在大多数计算机中，操作系统例如Windows等，加载并且执行很多程序。在这种情况下，一个计算机程序是指一个单独的可执行的映射，而不是当前在这个计算机上运行的全部程序。

冯诺依曼体系结构

在一台基于最常见的冯诺依曼体系结构（又称 Harvard Architecture）的计算机上，程序从某种外部设备，通常是硬盘，被加载到计算机之内。如果计算机选择冯诺依曼体系结构，那么程序就被加载入内存。指令序列顺序执行，直到一条跳转或转移指令被执行，或者一个中断出现。所有这些指令都会改变指令寄存器的内容。

基于这种体系的计算机，如果没有程序的支持，将无法工作。一个计算机程序是一系列指令的集合。

程序里的指令都是基于机器语言；程序通常首先用一种计算机程序设计语言编写，然后用编译器或者直译器翻译成机器语言。有时，也可以用汇编语言编程，汇编语言实质就是表示机器语言的一组记号－在这种情况下，用于翻译的程序叫做汇编程序。

程序和数据

程序已经被定义了。如何定义数据呢？数据可以被定义为被程序处理的信息。当我们考虑到整个计算机系统时，有时程序和数据的区别就不是那么明显了。中央处理器有时有一组微指令控制硬件，数据可以是一个有待执行的程序（参见脚本编程语言），程序可以编写成去编写其它的程序；所有这些例子都使程序和数据的比较成为一种视角的选择。有人甚至断言程序和数据没有区别。

编写一个程序去生成另外一个程序的过程被称之为元编程（Metaprogr-amming）。它可以被应用于让程序根据给定数据生成代码。单单一个程序可能不足以表示给定数据的所有方面。让一个程序去分析这个数据并生成新的程序去处理数据所有的方面可能会容易一些。Lisp 就是一例支持这种编程模式的程序语言。

在神经网络里储存的权重是一种数据。正是这些权重数据，跟网路的拓扑结构一起，定义了网络的行为。人们通常很难界定这些数据到底表示什么或者它们是否可以由程序来代替。这个例子以及跟人工智能相关的其它一些问题进一步考验程序和数据的区别。

算　法

算法指解决某个问题的严格方法，通常还需辅以某种程度上的运行性

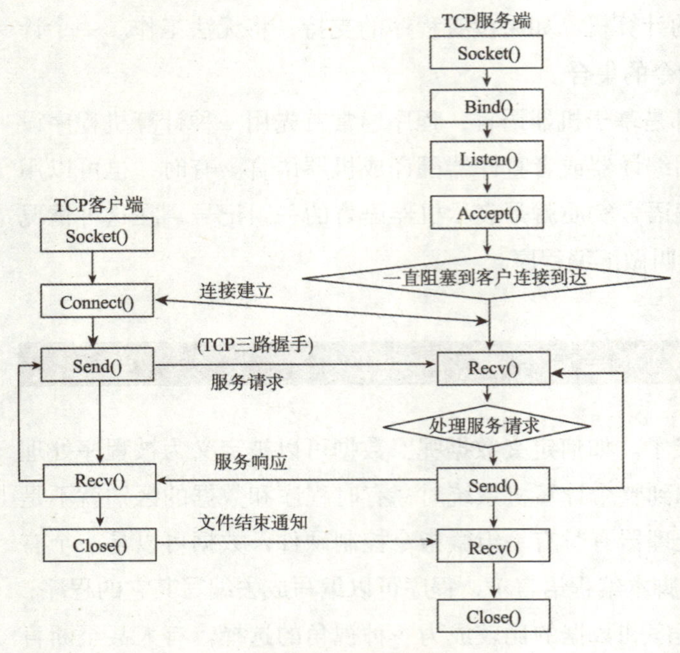

运行计算机语言

能分析。算法可以是纯理论的，也可以由一个计算机程序实现。理论算法通常根据复杂性分为不同类别；实现的算法通常经过频析（Profiling）以测试其性能。请注意虽然一个算法在理论上有效可行，但是一个糟糕的实现仍会浪费宝贵的计算机资源。

开 发

编写程序是以下步骤的一个往复过程：编写新的源代码，测试、分析和提高新编写的代码以找出语法和语义错误。从事这种工作的人叫做程序设计员。由于计算机的飞速发展，编程的要求和种类也日趋多样，由此产生了不同种类的程序设计员，每一种都有更细致的分工和任务。软件工程师和系统分析员就是两个例子。现在，编程的长时间过程被称之为“软件开发”或者软件工程。后者也由于这一学科的日益成熟而逐渐流行。

因此，如今程序设计员可以指某一领域的编程专家，也可以泛指软件公司里编写一个复杂软件系统里某一块的一般程序员。一组为某一软件公司工作的程序员有时会被指定一个程序组长或者项目经理，用以监督项目进度和完成日期。大型软件通常经历由系统设计师掌握的一个长时间的设计阶段，然后才交付给开发人员。牛仔式的编程（未经详细设计）是不为人所齿的。

两种当今常见的程序开发方式之一是项目组开发方式。使用这种方式项目组里每一个成员都能对项目的进行发表意见，而由其中的某一个人协调不同意见。这样的项目组通常有 15 个左右的成员，这样做是为了便于管理。第二种开发方式是结对开发。

■ 汇编语言

汇编语言是面向机器的程序设计语言。汇编语言是机器语言的助记符，相对于比枯燥的机器代码易于读写、易于调试和修改，同时优秀的汇编语言设计者经过巧妙的设计，使得汇编语言汇编后的代码比高级语言执行速度更快，占内存空间少等优点，但汇编语言的运行速度和空间占用是针对高级语言并且需要巧妙设计，而且目前部分高级语言在编译后代码执行效率同样很高，目前此优点慢慢弱化。而且在编写复杂程序时具有明显的局限性，汇编语言依赖于具体的机型，不能通用，也不能在不同机型之间移植。常说汇编语言是低级语言，并不是说汇编语言要被弃之，相反，汇编语言仍然是计算机（或微机）底层设计程序员必须了解的语言，在某些行业与领域，汇编是必不可少的，非它不可适用。

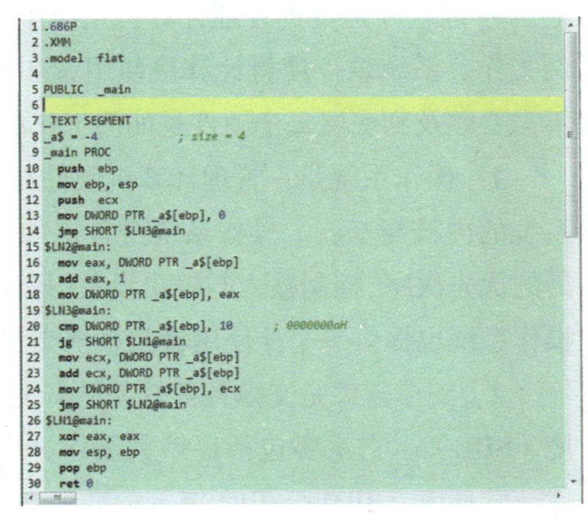

汇编语言代码示例

软 件

软件是用户与硬件之间的接口界面。用户主要是通过软件与计算机进行交流。软件是计算机系统设计的重要依据。为了方便用户，为了使计算机系统具有较高的总体效用，在设计计算机系统时，必须全局考虑软件与硬件的结合，以及用户的要求和软件的要求。一般来讲软件被划分为系统软件、数据库、中间件和应用软件。

系统软件

系统软件为计算机使用提供最基本的功能，可分为操作系统和支撑软件，其中操作系统是最基本的软件。

系统软件是负责管理计算机系统中各种独立的硬件，使得它们可以协调工作。系统软件使得计算机使用者和其他软件将计算机当作一个整体而不需要顾及到底层每个硬件是如何工作的。

1. 操作系统是一管理计算机硬件与软件资源的程序，同时也是计算机系统的内核与基石。操作系统身负诸如管理与配置内存、决定系统资源供需的优先次序、控制输入与输出设备、操作网络与管理文件系统等基本事务。操作系统也提供一个让使用者与系统交互的操作接口。

2. 支撑软件是支撑各种软件的开发与维护的软件，又称为软件开发环境（SDE）。它主要包括环境数据库、各种接口软件和工具组。著名的软件开发环境有 IBM 公司的 Web Sphere，微软公司等。

包括一系列基本的工具（比如编译器，数据库管理，存储器格式化，文件系统管理，用户身份验证，驱动管理，网络连接等方面的工具）。

应用软件

但是系统软件并不针对某一特定应用领域。而应用软件则相反，不同的应用软件根据用户和所服务的领域提供不同的功能。

应用软件是为了某种特定的用途而被开发的软件。它可以是一个特定的程序，比如一个图像浏览器。也可以是一组功能联系紧密，可以互相协

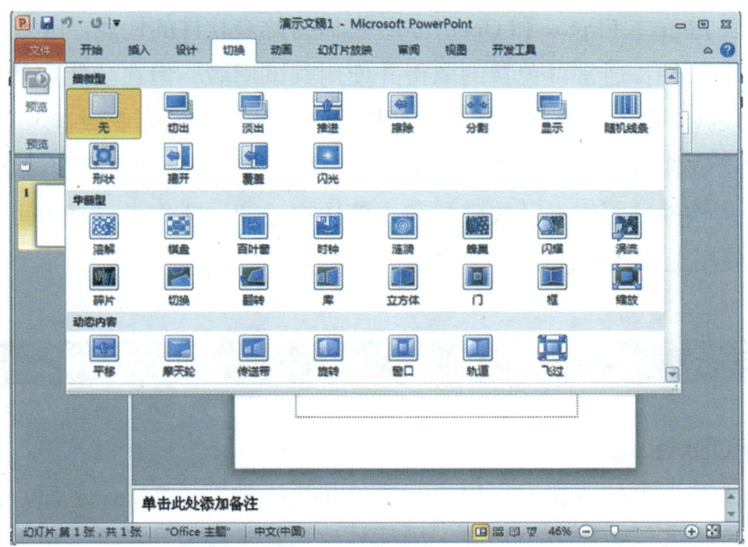

微软 Office 2003 Microsoft PowerPoint 2010 幻灯片切换动画

作的程序的集合，比如微软的 Office 软件。也可以是一个由众多独立程序组成的庞大的软件系统，比如数据库管理系统。

授权方式 〉〉〉

不同的软件一般都有对应的软件授权，软件的用户必须在同意所使用软件的许可证的情况下才能够合法的使用软件。从另一方面来讲，特定软件的许可条款也不能够与法律相抵触。

依据许可方式的不同，大致可将软件区分为几类：

专属软件：此类授权通常不允许用户随意的复制、研究、修改或散布该软件。违反此类授权通常会有严重的法律责任。传统的商业软件公司会采用此类授权，例如微软的 Windows 和办公软件。专属软件的源码通常被公司视为私有财产而予以严密的保护。

自由软件：此类授权正好与专属软件相反，赋予用户复制、研究、修改和散布该软件的权利，并提供源码供用户自由使用，仅给予些许的其他限制。以 Linux、Firefox 和 OpenOffice 可做为此类软件的代表。

共享软件：通常可免费的取得并使用其试用版，但在功能或使用期间上受到限制。开发者会鼓励用户付费以取得功能完整的商业版本。

免费软件：可免费取得和转载，但并不提供源码，也无法修改。

公共软件：原作者已放弃权利，著作权过期，或作者已经不可考究的软件。使用上无任何限制。

开发语言 〉〉〉

■ Java

作为跨平台的语言，可以运行在 Windows 和 Unix/Linux 下面，长期成为用户的首选。自 JDK6.0 以来，整体性能得到了极大的提高，市场使用率超过 20%。感觉已经达到了其鼎盛时期了，不知道后面能维持多长时间。

■ C/C++

C 和 C++ 两个作为传统的语言，一直在效率第一的领域发挥着极大的影响力。像 Java 这类的语言，其核心都是用 C/C++ 写的。在高并发和实时处理，工控等领域更是首选。

C 语言创始人邓尼斯・里奇（D.MRitchie）

■ VB

美国计算机科学家约翰・凯梅尼和托马斯・库尔茨于 1959 年研制的一种"初学者通用符号指令代码"，简称 BASIC。由于 BASIC 语言易学易用，它很快就成为流行的计算机语言之一。

■ php

同样是跨平台的脚本语言，在网站编程上成为了大家的首选，支持

PHP 的主机非常便宜，PHP+Linux+ MySQL+Apache 的组合简单有效。

■ Perl

脚本语言的先驱，其优秀的文本处理能力，特别是正则表达式，成为了以后许多基于网站开发语言（比如 php，java，C#）的这方面的基础。

■ Python

是一种面向对象的解释性的计算机程序设计语言，也是一种功能强大而完善的通用型语言，已经具有十多年的发展历史，成熟且稳定。Python 具有脚本语言中最丰富和强大的类库，足以支持绝大多数日常应用。

这种语言具有非常简捷而清晰的语法特点，适合完成各种高层任务，几乎可以在所有的操作系统中运行。

目前，基于这种语言的相关技术正在飞速的发展，用户数量急剧扩大，相关的资源非常多。

■ C#

是微软公司发布的一种面向对象的、运行于 NET Framework 之上的高级程序设计语言，并定于在微软职业开发者论坛（PDC）上登台亮相。C# 是微软公司的最新成果。C# 看起来与 Java 有着惊人的相似；它包括了诸如单一继承、界面，与 Java 几乎同样的语法，和编译成中间代码再运行的过程。但是 C# 与 Java 有着明显的不同，它借鉴了 Delphi 的一个特点，与 COM（组件对象模型）是直接集成的，而且它是微软公司 .NET windows 网络框架的主角。

■ Javascript

Javascript 是一种由 Netscape 的 LiveScript 发展而来的脚本语言，主要目的是为了解决服务器终端语言，比如 Perl，遗留的速度问题。当时服务端需要对数据进行验证，由于网络速度相当缓慢，只有 28.8kbps，验证步骤浪费的时间太多。于是 Netscape 的浏览器 Navigator 加入了 Javascript，提供了数据验证的基本功能。

开发流程

软件开发是根据用户要求建造出软件系统或者系统中的软件部分的过程。软件开发是一项包括需求捕捉，需求分析，设计，实现和测试的系统工程。软件一般是用某种程序设计语言来实现的。通常采用软件开发工具可以进行开发。

软件设计思路和方法的一般过程，包括设计软件的功能和实现的算法和方法、软件的总体结构设计和模块设计、编程和调试、程序联调和测试以及编写、提交程序。

相关系统分析员和用户初步了解需求，然后列出要开发的系统的大功能模块，每个大功能模块有哪些小功能模块，对于有些需求比较明确相关的界面时，在这一步里面可以初步定义好少量的界面。

系统分析员深入了解和分析需求，根据自己的经验和需求做出一份文档系统的功能需求文档。这次的文档会清楚例用系统大致的大功能模块，大功能模块有哪些小功能模块，并且还例出相关的界面和界面功能。

系统分析员和用户再次确认需求。

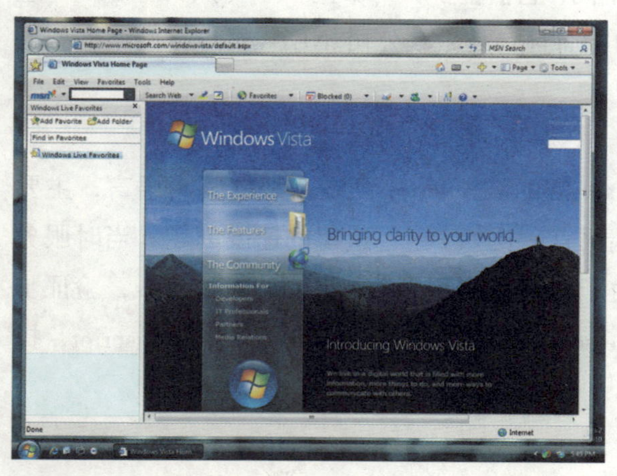

Windows7 系统中的 Internet Explorer 浏览器

系统分析员根据确认的需求文档所例用的界面和功能需求，用迭代的方式对每个界面或功能做系统的概要设计。

系统分析员把写好的概要设计文档给程序员，程序员根据所例出的功能一个一个的编写。

测试编写好的系统。交给用户使用，用户使用

后一个一个的确认每个功能，然后验收。

微软公司

微软公司是世界 PC（Personal Computer，个人计算机）机软件开发的先导，由比尔·盖茨与保罗·艾伦创始于 1975 年，总部设在华盛顿州的雷德蒙市（Redmond，邻近西雅图）。目前是全球最大的电脑软件提供商。微软公司现有雇员 6.4 万人，2005 年营业额 368 亿美元。其主要产品为 Windows 操作系统、Internet Explorer 网页浏览器及 Microsoft Office 办公软件套件。1999 年推出了 MSN Messenger 网络即时信息客户程序，2001 年推出 Xbox 游戏机，参与游戏终端机市场竞争。

操作系统

操作系统是管理电脑硬件与软件资源的程序，同时也是计算机系统的内核与基石。操作系统是控制其他程序运行，管理系统资源并为用户提供操作界面的系统软件的集合。操作系统身负诸如管理与配置内存、决定系统资源供需的优先次序、控制输入与输出设备、操作网络与管理文件系统等基本事务。操作系统的型态非常多样，不同机器安装的 OS 可从简单到复杂，可从手机的嵌入式系统到超级电脑的大型操作系统。目前微机上常见的操作系统有 DOS、OS/2、UNIX、XENIX、LINUX、Windows、Netware 等。

系统简介

操作系统的功能包括管理计算机系统的硬件、软件及数据资源；控制程序运行；改善人机界面；为其他应用软件提供支持等，使计算机系统所有资源最大限度地发挥作用，为用户提供方便的、有效的、友善的服务界面。

许多操作系统制造者对 OS 的定义也不大一致，例如有些 OS 集成了图形用户界面，而有些OS仅使用文本接口，而将图形界面视为一种非必要的应用程序。

DOS 操作系统

操作系统理论在计算机科学中为历史悠久而又活跃的分支，而操作系统的设计与实现则是软件工业的基础与内核。

主要功能

■ 资源管理

系统的设备资源和信息资源都是操作系统根据用户需求按一定的策略来进行分配和调度的。操作系统的存储管理就负责把内存单元分配给需要内存的程序以便让它执行，在程序执行结束后将它占用的内存单元收回以便再使用。对于提供虚拟存储的计算机系统，操作系统还要与硬件配合做好页面调度工作，根据执行程序的要求分配页面，在执行中将页面调入和调出内存以及回收页面等。

处理器管理或称处理器调度，是操作系统资源管理功能的另一个重要内容。在一个允许多道程序同时执行的系统里，操作系统会根据一定的策略将处理器交替地分配给系统内等待运行的程序。一道等待运行的程序只有在获得了处理器后才能运行。一道程序在运行中若遇到某个事件，例如启动外部设备而暂时不能继续运行下去，或一个外部事件的发生等等，操作系统就要来处理相应的事件，然后将处理器重新分配。

操作系统的设备管理功能主要是分配和回收外部设备以及控制外部设备按用户程序的要求进行操作等。对于非存储型外部设备，如打印机、显示器等，它们可以直接作为一个设备分配给一个用户程序，在使用完毕后

回收以便给另一个需求的用户使用。对于存储型的外部设备，如磁盘、磁带等，则是提供存储空间给用户，用来存放文件和数据。存储性外部设备的管理与信息管理是密切结合的。

信息管理是操作系统的一个重要的功能，主要是向用户提供一个文件系统。一般说，一个文件系统向用户提供创建文件，撤销文件，读写文件，打开和关闭文件等功能。有了文件系统后，用户可按文件名存取数据而无需知道这些数据存放在哪里。这种做法不仅便于用户使用而且还有利于用户共享公共数据。此外，由于文件建立时允许创建者规定使用权限，这就可以保证数据的安全性。

■ 程序控制

一个用户程序的执行自始至终是在操作系统控制下进行的。一个用户将他要解决的问题用某一种程序设计语言编写了一个程序后就将该程序连同对它执行的要求输入到计算机内，操作系统就根据要求控制这个用户程序的执行直到结束。操作系统控制用户的执行主要有以下一些内容：调入相应的编译程序，将用某种程序设计语言编写的源程序编译成计算机可执行的目标程序，分配内存储等资源将程序调入内存并启动，按用户指定的要求处理执行中出现的各种事件以及与操作员联系请示有关意外事件的处理等。

■ 人机交互

操作系统的人机交互功能是决定计算机系统“友善性”的一个重要因素。人机交互功能主要靠可输入输出的外部设备和相应的软件来完成。可供人机交互使用的设备主要有键盘显示、鼠标、各种模式识别设备等。与这些设备相应的软件就是操作系统提供人机交互功能的部分。人机交互部分的主要作用是控制有关设备的运行和理解并执行通过人机交互设备传来的有关的各种命令和要求。

■ 进程管理

不管是常驻程序或者应用程序，他们都以进程为标准执行单位。当年运用冯·诺依曼架构建造电脑时，每个中央处理器最多只能同时执行一个

Windows XP 操作系统

进程。早期的 OS（例如 DOS）也不允许任何程序打破这个限制，且 DOS 同时只有执行一个进程（虽然 DOS 自己宣称他们拥有终止并等待驻留（TSR）能力，可以部分且艰难地解决这问题）。现代的操作系统，即使只拥有一个 CPU，也可以利用多进程（multitask）功能同时执行复数进程。进程管理指的是操作系统调整复数进程的功能。

由于大部分的电脑只包含一颗中央处理器，在单内核（Core）的情况下多进程只是简单迅速地切换各进程，让每个进程都能够执行，在多内核或多处理器的情况下，所有进程通过许多协同技术在各处理器或内核上转换。越多进程同时执行，每个进程能分配到的时间比率就越小。很多 OS 在遇到此问题时会出现诸如音效断续或鼠标跳格的情况（称做崩溃（Thrashing），一种 OS 只能不停执行自己的管理程序并耗尽系统资源的状态，其他使用者或硬件的程序皆无法执行）。进程管理通常实现了分时的概念，大部分的 OS 可以利用指定不同的特权等级（priority），为每个进程改变所占的分时比例。特权越高的进程，执行优先级越高，单位时间内占的比例也越高。交互式 OS 也提供某种程度的回馈机制，让直接与使用者交互的进程拥有较高的特权值。

■ 内存管理

根据帕金森定律："你给程序再多内存，程序也会想尽办法耗光"，因此程序设计师通常希望系统给他无限量且无限快的内存。大部分的现代电脑内存架构都是阶层式的，最快且数量最少的寄存器为首，然后是高速缓存、内存以及最慢的磁盘储存设备。而 OS 的内存管理提供寻找可用的记

忆空间、配置与释放记忆空间以及交换内存和低速储存设备的内含物……等功能。此类又被称做虚拟内存管理的功能大幅增加每个进程可获得的记忆空间（通常是 4GB，即使实际上 RAM 的数量远少于这数目）。然而这也带来了微幅降低执行效率的缺点，严重时甚至也会导致进程崩溃。

苹果电脑系统桌面

内存管理的另一个重点活动就是借由 CPU 的帮助来管理虚拟位置。如果同时有许多进程储存于记忆设备上，操作系统必须防止它们互相干扰对方的内存内容（除非通过某些协议在可控制的范围下操作，并限制可存取的内存范围）。分割内存空间可以达成目标。每个进程只会看到整个内存空间（从 0 到内存空间的最大上限）被配置给它自己（当然，有些位置被 OS 保留而禁止存取）。CPU 事先存了几个表以比对虚拟位置与实际内存位置，这种方法称为分页(paging)配置。

Mac OS X（苹果操作系统）

借由对每个进程产生分开独立的位置空间，OS 也可以轻易地一次释放某进程所占据的所有内存。如果这个进程不释放内存，OS 可以退出进程并将内存自动释放。

组成部分

操作系统理论研究者有时把操作系统分成四大部分：

驱动程序：最底层的、直接控制和监视各类硬件的部分，它们的职责是隐藏硬件的具体细节，并向其他部分提供一个抽象的、通用的接口。

内核：操作系统之最内核部分，通常运行在最高特权级，负责提供基础性、结构性的功能。

接口库：是一系列特殊的程序库，它们职责在于把系统所提供的基本服务包装成应用程序所能够使用的编程接口（API），是最靠近应用程序的部分。例如，GNU C 运行期库就属于此类，它把各种操作系统的内部编程接口包装成 ANSI C 和 POSIX 编程接口的形式。

外围：所谓外围，是指操作系统中除以上三类以外的所有其他部分，通常是用于提供特定高级服务的部件。例如，在微内核结构中，大部分系统服务，以及 UNIX/Linux 中各种守护进程都通常被划归此列。

■ 苹果公司

苹果公司，原称苹果电脑公司，是全球第一大手机生产商，是全球主要的 PC 厂商，也是世界上市值最大的上市公司，其核心业务是电子科技产品。苹果的 Apple II 于 1970 年代助长了个人电脑革命，其后的 Macintosh 接力于 1980 年代持续发展。最知名的产品是其出品的 Apple II、Macintosh 电脑、iPod 音乐播放器、iTunes 商店、iMac 一体机、iPhone 手机和 iPad 平板电脑等。在高科技企业中以创新而闻名。2012 年 2 月底，苹果市值在派息预期的刺激下大涨，一举突破 5000 亿美元关口。

第五章

电脑的利弊与未来

电脑是人类大脑的延伸，它被发明出来就是为了更方便人们的生活，提高人们的生活质量，这一点毋庸置疑，在现在社会的各个领域，无论是生产领域，还是生活领域，电脑发挥着越来越大、越来越关键的作用，人们的生产、生活正由于电脑的加入而发生了巨大的变化。随着人类越来越依赖电脑，每天使用电脑的时间过程，导致了一些“电脑病”的发生。另外，由于电脑病毒的侵袭和攻击，使人类平添了诸多的麻烦和遭到了一些较大的损失。只有尽量完善电脑的结构、性能，增强抵御伤害的能力，才会减少麻烦和损失。可以想象，未来的电脑必将更加先进、更加智能、更加人性化，更好地成为人类的帮手。

电脑造福人类

电脑在生活中的应用

1946年计算机问世，有人说计算机是为战争的需要而生，其实从“电脑”二字看出，计算机主要是作为人类大脑的延伸，从而让人的潜力得到更大的发展以至创造更多的物质财富而产生的。就像汽车是人腿行走能力的延伸，计算机的发明事实上是对人脑智力的继承和延伸。

1981年8月12日，美国国际商用机器公司（IBM）推出型号为IBM5150的计算机，个人电脑从此问世，今天个人电脑虽然只有25岁，却已经影响人类生活的各个方面，从而不断改变着世界。第一台个人电脑的问世就在4年内卖出了100万台，可见在当时作为新生事物的个人电脑就有了极大的发展潜力。随着计算机技术发展，电脑变得更轻、更小、功能更多，加上互联网日渐普及，个人电脑已经成为现代生活的必需品。人们可以在自己的电脑上制作视频、书籍、音乐和电影。通讯也变得便捷和实惠了。人们可以通过互联网进行面对面一样地聊天，还不会产生高额费用。

现今的社会科技发达，电脑的使用已经非常普遍，加之微型计算机的进一步发展，操作运用的简单化，电脑的应用也更为普遍，其应用也不仅仅局限于科研和高精密度的工作。资源的共享，通信，这两种电脑最原始的功能首先在日常生活得到最普遍的应用。在普通的日常生活中，电脑扮演着越来越重要的作用。差不多每家每户都有一台电脑。电脑的用途广泛，而且方便快捷，深受人们的欢迎。电脑的好处有很多，例如可以方便我们搜集资料。当我们想做一个专题习作，但又缺乏资料，只要我们上网浏览，就可以立刻找到很多与该专题习作有关的资料，非常方便。透过电脑可以

提高学生的语文水平，现在互联网上设有“每日一篇”阅读计划，我们每天只需 5 ~ 10 分钟时间上网就可以阅读一篇优质的文章，并完成课后练习。如此下去，日积月累，我们的语文水平一定可以大大提高。如果同学在功课上遇到不懂的地方，只要一上网，就会有人为我们解决难题。

甚至在很多时候，电脑完全可以替代传统的信件。加之电脑在多媒体方面的应用，也让相对机械的电视过于单调。总之，现代社会，网络的迅速发展，为电脑的普及提供了非常重要的外部条件。网络电视、影视，网络通信、聊天，网络购物等等，电脑正在逐渐深入人们的日常生活。

商　业

商业是应用计算机较早的领域之一，现在世界上大多数公司都对计算机有很强的依赖性，因为它们要靠计算机系统来维持自己的正常运转。在银行业，计算机和网络的最新应用是网上银行，它使得银行可以通过 Internet 为客户提供金融业务。从理论上讲，无论客户身在何处，无论何时，只要轻点鼠标，就可通过计算机享受所需要的银行服务。在商业领域，零售商店不仅运用计算机管理商品的销售情况和库存情况，为经理提供最佳的决策，而且实现了电子商务，即利用计算机和网络进行商务活动。

工　业

计算机设计的图形可以是三维图形，可在屏幕上自由旋转，从不同的角度表现设计，清晰地展现所有独立的部件。计算机还可用于生产设备，实现从设计到生产的完全自动化。在工业自动检测上如零件尺寸的动态检查，产品质量、包装、形状 iP，N，表面缺陷检测等。自动化仪器如自动售货机，自动搬运机，监视装置等。在制造业领域，从面包

电脑成为现代办公不可缺少的工具

到航天器的各种类型的产品都可以用计算机设计。

■ 教 育

早期的计算机辅助教育是非常机械的。通常计算机在屏幕上显示一道题，让学生输入或选择答案。显然，这种软件不能激发学生的创造力和想象力，很容易让人感到厌烦。随着多媒体技术的广泛应用，教育软件不仅仅是文字和图形那么简单了，还包括音乐、语音、三维动画及视频。有些软件采用真人发音方式，可以让学生更加投入地练习语言发音。有些软件采用了仿真技术，试图在屏幕上再现现实世界的某些事物，例如让医学院的学生在计算机上进行人体解剖实验。发展计算机辅助教育不仅使学校教育发生了根本变化，还可以使学生在学校里就能体验计算机的应用，使学生牢固地树立计算机意识，有助于跨世纪、复合型人才的培养。

计算机在教育领域得到另一个重要应用是远程教育。当今的网络技术和通信技术已经能够在不同的节点之间建立起一种快速的双向通信，使得学生可以在家里向教师提问，教师也可以及时地回复学生为题。目前，许多大学生都建立里网络学院，开展远程授课。

■ 医 药

计算机在医药行业的应用非常普遍。医院的日常事务采用计算机管理，如电子病历、电子处方等，各种用途的医疗设备也都由计算就自动控制。在医药领域，计算机的另一项重要用途是医学成像，他能够帮助医生清楚地看到病人体内的情况，而不会损伤病人身体。计算机断层扫描是从不同的角度用X射线照射病人，得到其体内器官的一系列二维图像，最后生成一个真实的三维构造。磁共振成像

利用计算机网络实现远程教育

通过测量人体内化学元素发出的无线电波，有计算机匠信号转换成二维图像，最后也生成三维场景。与Internet听是发展起来的是远程诊疗技术。一个偏远地方的医院可能既没有先进设备又没有专家。利用远程会诊系统，一个上海的专家可以根据传来的图像和资料，对当地医院的疑难病例进行会诊，甚至指导当地的医生完成手术。这种远程会诊系统可使病人避免长途奔波之苦，并能及时地收到来自专家的意见，以免贻误治疗时机。

医学研究与临床诊断中许多信息都是以图像形式出现的，医学对图像信息的依赖是密不可分的。医学图像一般分为二类：一是信息在空间分布的多维图像，如组织切片、X射线照片、细胞立体图像等等；而另一是信息随时间变化的一维图像，多数医学信号均属此一类，如脑电波图、心电图等。计算机高精度、高速度、大容量的特点，可弥补不足。特别是有一些医学图像，如脑电图的分析，凭人工观察，只能提取少量信息，大量有用信息白白浪费。如果有大量的图像需要处理和识别，以往都是采用人工方式，其优点是就算由有经验的医生对临床医学图像进行综合分析，分析速度慢，正确率随医生而异。而如果利用计算机可作复杂的计算，能提取其中许多有价值的信息。进行肿瘤普查时，要在显微镜下观看数以万计的组织切片；日常化验或研究工作中常需要作某种细胞的计数。这些工作费时又费力，倘若使用计算机，就将节省大量人力并缩短时间。利用计算机，可以做人工做不到的工作。例如心血管造影，如果用手工测量容积，导出血压容积曲线时，只能分析出心脏收缩和舒张的特点。单是倘若利用计算机计算，每张片子只需一秒钟，并可以得到瞬时加速度，速度，面积，容积等有用的参数。在任何领

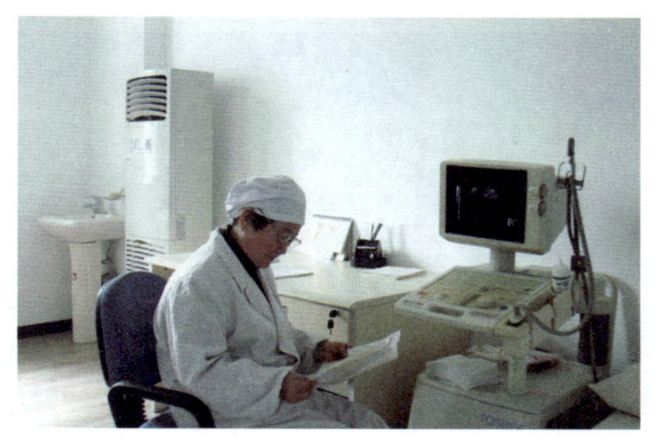

电脑运用在医学领域——B超

域中，计算机还能完成人工不能完成的另一类工作即图像的增强和复原。1970 年代医学图像处理在计算机体层摄影成像术（CT）方面的突出成就，数字减影心血管造影仪、和磁共振成像仪，以及超声等其他医学成像仪器等新装置的相继出现和进一步完善，使人们对核医学和放射图像的处理及模式识别研究的更加有兴趣。显微图像在医学诊断和医学研究中一直起着重要作用。计算机三维动态图像技术已使心脏动态功能的定量分析成为可能。计算机图像处理与分析方法已用于检测显微图像中的重要特征，人们已能用图像处理技术和体视学方法半定量与定量地研究细胞学图像以至组织学图像。

行政管理

政府无疑是最大的计算机用户。许多政府部门一直在使用计算机管理日常业务，实现了办公自动化。为适应信息化建设的实现需求和迎接信息时代、知识经济的挑战，提高政府的办事效率，政务已经开始上网，在不远的将来人们会看到一个全新的政府——电子政府。

所谓电子政府，就是在网上建立一个虚拟的政府，在 Internet 上实现政府的职能。凡是在网下可以实现的政府职能，在网上基本上都应实现。政务上网以后，可以在网上向公众公开政府部门的有关资料、档案、日常活动等。在网上建立起政府与公众之间相互交流的桥梁，为公众与政府部门联系提供方便，并在网上行使对政府的民主监督权力。同时，公众也可从网上完成如缴税、项目审批等与政府有关的各项工作。在政府内部，各部门之间也可以通过 Internet 互相联系，各级领导也可以在网上向相关部门做出各项指示，指导各部门机

乡镇电子政务系统

构的工作。

娱 乐

计算机游戏已经不再像早期的下棋游戏那样简单了，而是多媒体网络游戏。远隔千山万水的玩家可以把自己置身于虚拟现实中，通过 Internet 可以相互博弈，在虚拟现实中，游戏通过特殊装备为玩家营造身临其境的感受，甚至有些游戏还要求带上特殊的目镜和头盔，将三维图像呈现在玩家的眼前，时期感觉到似乎真的处于一个“真实”的世界中，如果带上某种特殊的手套，可真正“接触”虚拟现实中的物体。此外，特殊设计的运动平台可是玩家体验高速运动时抖动、颠簸、倾斜等感觉。

计算机在电影中的主要应用是电影特技，通过巧妙的计算机合成和剪辑可制作出在现实世界无法拍摄的场景，营造令人震撼的视觉效果。最成功的例子有《星球大战》三部曲、《侏罗纪公园》、《阿甘正传》、《宝莲灯》等。

今后有一个趋势是游戏中的主人公相互切换，真正做到剧中有我、游戏中有他，游戏与影视剧情融为一体。

计算机在音乐领域也是无处不在的。计算机不仅可以录制、编辑、保存和播放音乐，还可以改善音乐的视听效果。可以从 Internet 下载高保真的音乐，甚是直接在计算机上制作数码音乐等。

科 研

计算机在科研中一直占有重要的地位。第一台计算机 ENIAC 就是为了科学研究而言研制的。现在许多实验室都用计算机监视与收集或模拟实验中的数据，随后用软件对结果进行统计和分析，以进行相应处理。在许许多多的

图画精美的电脑游戏

科研工作中，计算机都是不可缺少的工具。

■ 军事安全

电脑的图像识别技术在军事和刑侦方面的应用很广泛。例如军事上的卫星侦察，导弹制导，航空遥感，微光夜视，目标跟踪，军事图像通信等，例如美国及一些国际组织发射了资源遥感卫星和天空实验室。人工智能方面有机器人视觉，无人自动驾驶，邮件自动分检，指纹识别，人脸识别等等。

在图像识别中，目标识别系统是现阶段和未来武器系统的一个重要组成部分。现代战争中，如果能及时识别机场、桥梁、跑道、指挥所等军事目标，就可以拥有主动权和正确确定打击目标、使得未来指挥作战系统的性能有显著提高。利用飞机或卫星拍摄的图像来检测与识别地面目标，已经被广泛应用于国防，经济建设和环境保护与地球资源勘探中，是当代军事领域研究的热点。怎样从这些图像中自动获取有用的信息一直是图像识别方面重要的课题之一。国内外科学工作者已经做了大量的研究而且取得了一些可喜的成果。为了推广其应用，必须寻找一条解决图像识别的途径来满足实用要求。图像中的目标可以分成两种类型：一种是自然目标即一些自然物；另一种是一些人造目标，比如公路、高楼、大桥等。一般时候要寻找的是一些特定的目标，对于这类目标的识别称为特定目标识别。

■ 家　庭

计算机已经进入家庭，家庭信息化时代已逐步向人们走来。从迄今为止的技术来看，未来家庭所有的信息产品都将实现信息化，计算机在家庭的应用主要体现在交互式影视服务、家庭办公、联机消费、多媒体交互式教育、娱乐游戏和智能电器等。

对于中国的老百姓来说，前些年提起电脑，大家都会有一种陌生，甚至触不可及的感觉，认为是根本用不上的高科技产物。然而数年后的今天计算机已成为生活中不可或缺的好帮手了，已经静悄悄地渗入到我们的日常工作，家庭生活，学习，娱乐，医学中。

工作中：撰写工作报告、建立个人的日程安排与亲友通讯簿、记录与整理个人的财务收支、制作节日贺卡、录制自己的声音及建立影像档案等，都是我们必须靠计算机完成的，而且在修改和保存方面也很简单，我们还可以利用互联网的商务功能，进行商品的宣传和销售等等。

家庭生活：传真机，视频聊天，搜索生活知识，购物等，可以让生活更便捷和多姿多彩。

学习中：我们可以上网搜寻学习资料，学生个人基本学籍的数据处理，计算机命题与阅卷，网上教学，多媒体计算机辅助教学（CAI），查询提问，报考等，使学习变得更有趣和快乐。

累了，该享受生活时，我们可以借助计算机这个娱乐平台玩益智游戏，打网游，听歌听音乐，看电影电视剧，还有浏览和分享网友和亲朋的有趣经历。

当我们江郎才尽时可以向电脑求救，当我们郁结难舒时可以向电脑吐诉，当我们鸿运当头时可以用电脑分享，当我们身居异地时可以通过电脑和家人倾谈。

未来计算机将进一步深入人们的生活，将更加人性化，更加适应人们的生活，甚至改变人类现有的生活方式。数字化生活可能成为未来生活的主要模式，人们离不开计算机，计算机也将更加丰富多彩。

OA 办公系统即

办公系统即OA，是Office Automation的缩写，指办公室自动化或自动化办公。其实OA办公系统是一个动态的概念，随着计算机技术、通信技术和网络技术的突飞猛进，关于OA办公系统的描述也在不断充实，至今还没有人对其下过最权威、最科学、最全面、最准

万户ezOFFICE协同管理平台

门户自定义平台

通讯沟通平台	信息管理平台	工作流程平台	公文管理交换	个人办公平台	综合应用平台	人力资源管理
内部邮件	信息管理	新建流程	我的收文	我的文档	资源预订	人事信息
论坛	单位主页	办理查阅	发文管理	联系人	车辆管理	培训管理
短信	ISO文档管理	效率分析	收文管理	日程	资料管理	工资管理
RTX即时通讯	自定义频道	流程定义	文件送审签	工作日志	物品管理	绩效考核
GKE即时通讯		自定义数据表	公文交换	工作汇报	问卷调查	
		自定义表单		任务中心	网上调查	
				个人工具	档案管理	
				催办管理	会务管理	
				人员去向	设备管理	
					项目管理	
工作流程插件	全文检索插件	短信插件	即时通讯插件	公文插件	档案接口	电子签章插件

系统管理层（系统设置、组织管理、角色管理、权限管理、用户管理、日志管理、自定义模块、自定义关系）

ezSITE网站协作管理系统 | ezFLOW图形化流程设计 | ezSMS短信服务 | ezCARD名片订购服务

办公系统总体架构；OA 系统

确的定义。当今世界是信息爆炸的知识经济统治的时代，在这种情况下结合技术的各种进步所产生的 OA 办公系统已与十几年前的 OA 发生了很大的变化。

“病毒”入侵

电脑大灾难

1988 年 11 月 2 日，大洋彼岸发生的一个震惊世界的事件，不仅让许多中国人第一次听说 Internet，而且第一次知道了什么叫做电脑病毒。

就在这天晚上，与 Internet 互联网络相连的美国军用和民用电脑系统——东起麻省理工学院、哈佛大学、马里兰海军研究实验室，西到加州伯克利大学、斯坦福大学、NASA 的 Ames 研究中心，乃至兰德公司研究中心的电脑网络同时出现了故障，至少有 6200 台电脑受到波及，全球互联网络的这一部分，就像一条被击中头部的大蟒蛇那样顿时瘫痪，约占当时互联网上电脑总数的 10% 以上，用户直接经济损失接近 1 亿美元，这一数字可能还估计不足。记录在美国高技术史上的这场最严重、规模最大的灾难事件，究其根源，竟出自于一位 23 岁研究生罗伯特·莫里斯（R.T.Morris）的恶作剧。具有讽刺意味的是，他的父亲老莫里斯就是美国国家安全局的数据安全专家，主要负责互联网络的安全防御。儿子在键盘上轻轻一点，不仅攻破了父亲精心构筑的防线，使互联网络停止运行达一天半，而且把自己送上法庭，断送了美好的前程。

莫里斯属于伴随电脑和网络长大的一代人。由于家庭的关系，他比别人更有条件接触电脑网络，继而爱到痴迷程度。从哈佛大学到康奈尔大学计算机科学系，只有整日泡在电脑前，这个孤僻的青年才能找到真实的自我。不知从何时起，他迷上了当时还鲜为人知的电脑病毒。写一个能传染

尽可能多的病毒程序，使任何想要阻止它前进的人（也包括他的父亲）都无计可施。他也发现了网络操作系统 Unix 里的若干漏洞，自信有能力攻破网络安全防御系统。莫里斯的确拥有非凡的技术才能，他甚至应邀给安全局的人作过一场有关 Unix 安全问题的学术报告。

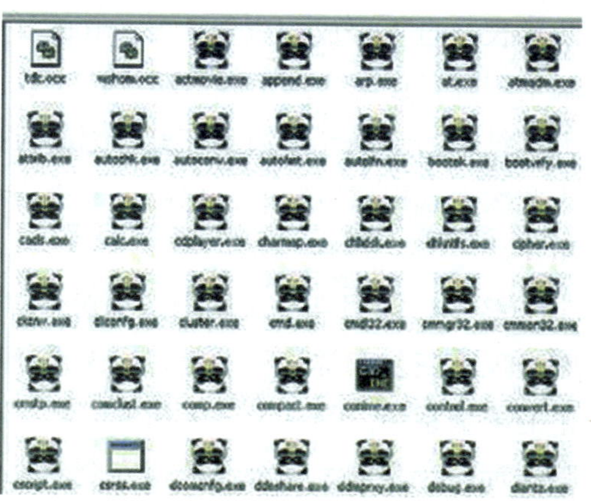
熊猫烧香病毒（尼姆亚病毒变种）

莫里斯后来在法庭上承认，他只是想进行一项实验，计划让一个不断自我复制程序，从一部电脑慢慢“蠕动”到另一部电脑里，并没有恶意去破坏任何电脑网络。据莫里斯的好友保罗·格兰姆说：为了更加隐蔽，莫里斯是在康奈尔大学宿舍的电脑前，远程遥控麻省理工学院人工智能实验室的电脑开始发难的。那天傍晚，莫里斯最后完成了病毒程序的写作，按下回车键使其激活，便去吃晚饭。吃完饭后，按捺不住好奇又打开电脑，想观察一下自己的“杰作”。莫里斯突然发现大事不好：由于程序中的一个疏忽，病毒并非如他所想象的那样慢慢“蠕动”，而是以疯狂的速度“繁殖”并失去了控制，不断攻击联网的 Sun 工作站和 DEC 的 VAX 小型机。

莫里斯这时才感到慌乱。他立即打电话给哈佛大学的另一位朋友安迪，请他立即向电子公告栏发一封 E-mail，详细告知控制病毒的方法。安迪随即发出了函件，并在结尾写到：“希望这些对你们有帮助，这只是一场玩笑而已。”很不幸，当时的网络在病毒的侵袭下已基本瘫痪，几乎没有人能收到这封函件。

这一夜，对加州伯克利大学、麻省理工学院等地的网络中心来说，真是一个不眠之夜，各地愤怒的电脑用户纷纷打来电话，要求他们帮助对付可怕的病毒。第二天，美国国内群情沸腾，电脑网络界则紧急动员，由国防部长亲自下令成立应急中心，100 多位高级专家协同全国数以千计的电脑工程师日以继夜地清除故障。由于这起电脑病毒恶性事件，连美国总统大选结果的正确性也遭到怀疑，因为大选的日子已迫在眉睫。对此，一家为此次大选提供电脑的公司赶紧发表声明说，他们的电脑没有与任何网络相连。

终于，11 月 4 日美国国防部对外宣布：经过昼夜奋战，受病毒侵袭的网络现已恢复正常，所幸侵害尚未殃及核武器管理系统和储存重要军事机密的电脑系统。第二天，《纽约时报》头版头条刊登专栏，大字标题《电脑病毒作者是国家安全局数据安全专家的儿子》，至此，人们才知道灾难的制造者名叫莫里斯。

在电脑科学界，莫里斯事件引发了一场大讨论，专家们就法律、道德和反病毒技术发表了大量论文。也有人为这个程序究竟是“蠕虫”还是“病毒”争论不休。讨论也不仅仅局限在电脑界，许多人开始对电脑病毒忧心忡忡，谈虎色变。1990 年 5 月 5 日，纽约地方法院正式开庭，判处莫里斯 3 年缓刑，罚款 1 万美元和 400 小时公益劳动。

CIH 病毒

黑色幽灵

1984 年，第一例电脑病毒被首次确认。十几年来，它像幽灵一般，始终徘徊在电脑世界的上空。

在科技发展史上，由科幻作家杜撰的“天方夜谭”，被后人接受演变成现实的案例比比皆是，电脑病毒就是其中的一个典型。1977 年夏天，一个名叫雷恩（T.J.Ryan）的作家出版了他的科幻小说《P–1 的青春期》，生

造出一种游荡在硅片里的病毒程序原型，最后竟控制了 7000 台电脑的操作系统。这部小说，虽然没有引起计算机安全人员的重视，却启发了诸多电脑玩家的“创作”灵感。

1984 年，美国电脑安全专家柯亨（F.Cohen）证明了病毒程序实现的可能性，他在美国国家安全会议上进行的演示实验，使他成为了世界上第一例病毒的制造者。但是，电脑病毒仍然没有引起应有的警惕，直到 1988 年 11 月 3 日，莫里斯的“蠕虫”闯下弥天大祸前后，形形色色的病毒已经像瘟疫般大规模地泛滥成灾。一些具有广泛影响的病毒事件，人们至今还记忆犹新。

1987 年 5 月，美国《普罗威斯顿》日报一位女记者辛苦采访 6 个月的记录神秘地消失，取而带之的是一串字符：“欢迎来到土牢，若需解毒请与我们联系。”还明目张胆地标明公司地址和一对巴基斯坦兄弟的姓氏。报社在追寻病毒过程中发现，所有磁盘都感染了病毒，档案标记被改为“（C）BRAIN”（智囊）。这就是大名鼎鼎的“巴基斯坦智囊病毒”。

1988 年 3 月 2 日，苹果公司在庆祝 Mac 周岁诞辰时，凡开机的电脑都停止工作，屏幕显示出：“《MacMag》杂志出版商布朗德为所有 Mac 用户祈求和平。”事后，这位布朗德还厚颜无耻地宣称：“两个月内，我的病毒已经蔓延到德国、法国和澳大利亚成千上万台个人电脑中。”

1989 年 10 月 13 日，星期五，全世界电脑用户都在惊恐不安中等待厄运来临。就在这一天，据说是出自耶路撒冷一位精神病患者之手的“黑色星期五”病毒，在全球数十万台 PC 机上同时发作，每运行一个文件，就会被删除一个，造成的损失难以估计。在香港的一家公司里，病毒甚至留下一封恐吓信：“今年我们将你遗漏，但不要高兴得太早，明年我们还会再来的！”

1992 年 3 月 5 日至 8 日，伟大艺术家米开朗基罗的名字居然也与电脑病毒联系在一起。尽管媒体早就敲响警钟，但“米开朗基罗病毒”造成的危害还是令人触目惊心。例如，美国有数万 PC 用户丢失数据，南非、德国和荷兰受到了最沉重的打击，而意大利一天内就有 1 万台数据处理机被病毒入侵，大量银行数据资料毁于一旦……这种病毒最早发现于荷兰，但警方认为它来自中国的台湾。

1995 年 8 月，一种名叫“Macro”的病毒伴随着 Win95 上市而现身，很快就演变成 5 种新形式，它巧妙地隐身于文件而不是程序中，使防毒软件无法查找……

发展到 1996 年底，据不完全统计，全世界已经出现上万种病毒，平均每天有近十种新病毒产生，花样不断翻新，编程手段越来越高，让人防不胜防。

20 世纪 90 年代后出现了更危险的情况。从对新病毒的剖析中发现，有部分病毒似乎出自于同一家族，“遗传”基因相同，可以证明一种所谓“病毒生产机”软件已被人研制出来。利用“生产机”软件，不法之徒既使不懂编程，也可以制造出成千上万种病毒。这些病毒代码长度不一，自我加密的密钥各异，病毒发作的条件和现象也不一样。有的是普通病毒，有的是变形病毒，使查毒者疲于奔命。

世界上已发现多种变形病毒，如“颠倒屏幕”、“卡死脖”、“拿它死”，其中，最有影响的是“幽灵”。这些变形病毒能够将自身的代码变幻成亿万种，附着在文件上，使一些普通的杀毒软件无法识别。

据说，制造“幽灵”病毒的人，既不是什么恶作剧，也并非心怀恶意。这种可怕病毒最初的来源，却始于电脑专家的“赌气”之中。1989 年，美国著名电脑反病毒专家玛卡菲首创了一种“特征值扫描反毒技术”，宣称它可以防治任何病毒，因而是一种万能的技术。看到玛卡菲得意洋洋的模样，另一位反病毒专家玛尔卡很不以为难。他想：根据“特征值”发现病毒，无非是因为病毒“特征值”的唯一性，若有一种病毒能不断改变自已的特征值，看你如何去“扫描”？

根据这一设想，1990 年 1 月，玛尔卡研制出世界上第一个“多形性病毒”。他采用了特殊加密方法，使病毒每次出现都自动改换一个新的形态，“特征值”千变万化，果然令玛卡菲束手无策。然而，“特征值扫描技术”的失灵也带来了巨大的恶果：一时间，连世界最著名的反毒软件对这种病

毒的识别率也仅有27%。人们谈虎色变地称它为“幽灵”，从1993年起，“幽灵”在全球电脑中泛滥，成为一个棘手的反病毒难题。

到了1998年，另一种新型病毒再次惊醒了人们的睡梦。这种被称为CIH的病毒一反常态，居然“学到”了破坏电脑硬件的“功夫”。CIH（英语又称为Chernobyl或Spacefiller）是一种电脑病毒，其名称源自它的作者当时仍然是台湾大同工学院（现大同大学）学生的电脑技术鬼才陈盈豪的名字拼音缩写。与以往的病毒相比，CIH仅把侵犯的目标对准视窗操作系统，但其最大的杀伤力却在于破坏PC电脑主板中的BIOS快闪存储器，它毫不留情地抹掉引导机器启动的全部信息，中毒后的机器只好送给专业维修店处理。虽然这是迄今为止第一个能破坏BIOS病毒，但谁能担保病毒今后还会玩出……

■ 千年虫

“千年虫”即计算机2000年问题，又叫做“2000年病毒”、“电脑千禧年间千年虫题”或“千年病毒”。缩写为“Y2K”。是指在某些使用了计算机程序的智能系统（包括计算机系统、自动控制芯片等）中，由于其中的年份只使用两位十进制数来表示，因此当系统进行（或涉及到）跨世纪的日期处理运 算时（如多个日期之间的计算或比较等），就会出现错误的结果，进而引发各种各样的系统功 能紊乱甚至崩溃。“千年虫”问题的根源始于20世纪60年代。当时计算机存储器的成本很高，如果用四位数字表示年份，就要多占用存储器空间，就会使成本增加，因此为了节省存储空间，计算机系统的编程人员采用两位数字表示年份。随着计算机技术的迅猛发展，虽然后来存储器的价格降低了，但在计算机系统中使用两位数字来表示年份的做法却由于思维上的惯性势力而被沿袭下来，年复一年，直到新世纪即将来临之际，大家才突然意识到用两位数字表示年份将无法正确辨识公元2000年及其以后的年份。1997年，信息界开始拉起了“千年虫”警钟，并很快引起了全球关注。

木马泛滥

希腊传说中特洛伊王子诱走了王后海伦，希腊人因此远征特洛伊久攻不下，希腊将领奥德修斯用计通过藏有士兵的木马被对方缴获搬入城中一举战胜对方，现在通过延伸把利用计算机程序漏洞侵入后窃取他人文件、财产与隐私的程序称为木马。

木马的来历

计算机木马（又名间谍程序）是一种后门程序，常被黑客用作控制远程计算机的工具。英文单词“Troj”，直译为“特洛伊”。木马这个词来源于一个古老的故事：相传古希腊战争，在攻打特洛伊时，久攻不下。后来希腊人使用了一个计策，用木头造一些大的木马，空肚子里藏了很多装备精良的勇士，然后佯装又一次攻打失败，逃跑时就把那个大木马遗弃。守城的士兵就把它当战利品带到城里去了。到了半夜，木马肚子里的勇士们都悄悄的溜出来，和外面早就准备好的战士们来了个漂亮的里应外合，一举拿下了特洛伊城。这就是木马的来历。从这个故事，大家很容易联想到计算机木马的功能。

什么是木马

正像历史上的“特洛伊木马”一样，被称作“木马”的程序也是一种掩藏在美丽外表下打入我们电脑内部的东西。确切地说，“木马”是一种经过伪装的欺骗性程序，它通过将自身伪装吸引用户下载执行，从而破坏或窃取使用者的重要文件和资料。

木马程序与一般的病毒不同，它不会自我繁殖，也并不“刻意”地去感染其他文件，它的主要作用是向施种木马者打开被种者电脑的门户，使对方可以任意毁坏、窃取你的文件，甚至远程操控你的电脑。木马与计算机网络中常常要用到的远程控制软件是有区别的。虽然二者在主要功能上都可以实现远程控制，但由于远程控制软件是“善意”的控制，因此通常不具有隐蔽性。木马则完全相反，木马要达到的正是“偷窃”性的远程控制，因此如果没有很强的隐蔽性的话，那么木马简直就是“毫无价值”的。因此判别木马与远程控制的两个重要标准是其使用目的和隐蔽性。

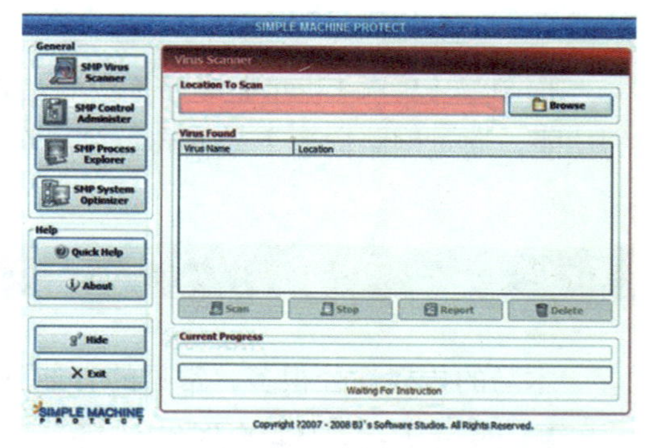

特洛伊木马病毒

计算机木马原理

计算机木马一般由两部分组成，服务端和控制端，也就是常用的 C/S（CONTROL/SERVE）模式。

服务端（S 端 Server）：远程计算机机运行。一旦执行成功就可以被控制或者造成其他的破坏，这就要看种木马的人怎么想和木马本身的功能，这些控制功能，主要采用调用 Windows 的 API 实现，在早期的 DOS 操作系统，则依靠 DOS 终端和系统功能调用来实现（INT 21H），服务段设置哪些控制，视编程者

计算机杀毒软件检测到的木马程序

的需要，各不相同。

控制端（C 端 Client）也叫客户端，客户端程序主要是配套服务端程序的功能，通过网络向服务端发布控制指令，控制段运行在本地计算机。

传播途径

木马的传播途径很多，常见的有如下几类：

通过电子邮件的附件传播

这是最常见，也是最有效的一种方式，大部分病毒（特别是蠕虫病毒）都用此方式传播。首先，木马传播者对木马进行伪装，方法很多，如变形、压缩、加壳、捆绑、取双后缀名等，使其具有很大的迷惑性。一般的做法是先在本地机器将木马伪装，再使用杀毒程序将伪装后的木马查杀测试，如果不能被查到就说明伪装成功。然后利用一些捆绑软件把伪装后的木马藏到一幅图片内或者其他可运行脚本语言的文件内，发送出去。

通过下载文件传播

从网上下载的文件，即使大的门户网站也不能保证任何时候他的软件都安全，一些个人主页、小网站等就更不用说了。下载文件传播方式一般有两种，一种是直接把下载链接指向木马程序，也就是说你下载的并不是你需要的文件。另一种是采用捆绑方式，将木马捆绑到你需要下载的文件中。

通过网页传播

大家都知道很多 VBS 脚本病毒（著名的 VBS 病毒是暴风一号）就是通过网页传播的，木马也不例外。网页内如果包含了某些恶意代码，使得 IE 自动下载并执行某一木马程序。这样你在不知不觉中就被人种上了木马。顺便说一句，很多人在访问网页后 IE 设置被修改甚至被锁定，也是网页上用脚本语言编写的的恶意代码作怪。

通过聊天工具传播

目前，QQ、ICQ、MSN 等网络聊天工具盛行，而这些工具都具备文件传输功能，不怀好意者很容易利用对方的信任传播木马和病毒文件。

隐形的杀手

俗话说：金无足赤。电脑，作为一种现代高科技的产物和电器设备，在给人们的生活带来更多便利、高效与欢乐的同时，也存在着一些有害于人类健康的不利因素。电脑对身体健康的直接影响主要是电脑显示器伴有辐射与电磁波，长期使用会伤害人们的眼睛，诱发一些眼病，如青光眼等；长期击键会对手指和上肢不利；操作电脑时，体形和全身难得有变化，高速、单一、重复的操作，持久的强迫体位，容易导致肌肉骨骼系统的疾患。计算机操作时所累及的主要部位有腰、颈、肩、肘、腕部等。

同时，长期使用电脑可能增加精神和心理压力。操作电脑过程中注意力高度集中，眼、手指快速频繁运动，使生理、心理过度重负，从而产生睡眠多梦、神经衰弱、头部酸胀、机体免疫力下降，甚至会诱发一些精神方面的疾病。这种人易丧失自信，内心时常紧张、烦躁、焦虑不安，最终导致身心疲惫。

四是导致网络综合征：长时间无节制地花费大量时间和精力在互联网上持续聊天、浏览，会导致各种行为异常、心理障碍、人格障碍、交感神经功能部分失调，严重者发展成为网络综合征，该病症的典型表现为：情绪低落、兴趣丧失、睡眠障碍、生物钟紊乱、食欲下降和体重减轻、精力不足、精神运动性迟缓和激动、自我评价降低、思维迟缓、不愿意参加社会活动、很少关心他人、饮酒和滥用药物等。

电脑辐射

电脑对人类健康的隐患，从辐射类型来看，主要包括电脑在工作时产生和发出的电磁辐射（各种电磁射线和电磁波等）、声（噪声）、光（紫外线、红外线辐射以及可见光等）等多种辐射“污染”。

从辐射根源来看，它们包括 CRT 显示器辐射源、机箱辐射源以及音箱、打印机、复印机等周边设备辐射源。其中 CRT（阴极射线管）显示器的成像原理，决定了它在使用过程中难以完全消除有害辐射。因为它在工作时，其内部的高频电子枪、偏转线圈、高压包以及周边电路，会产生诸如电离辐射（低能 X 射线）、非电离辐射（低频、高频辐射）、静电电场、光辐射（包括紫外线、红外线辐射和可见光等）等多种射线及电磁波。电脑主机、显示器、鼠标、键盘及周围的相关设备都会产生辐射，眼睛看不见，手摸不到。据科学研究表明：电脑产生的低频电磁辐射对人体造成的伤害是隐性的、积累的，人们经常（长期）在超强度的电脑低频电磁辐射环境中使用电脑，导致头晕、头痛、脑涨、耳鸣、失眠、眼睛干涩、视力下降、食欲不振、疲倦无力、记忆力减退、部分人脱发、白细胞减少、免疫力底下、白内障、白血病、脑癌、乳癌、血管扩张、血压异常、胸闷、心动过缓、心搏血量减少、窦性心率不齐、男性精子质量降低、部分女性经期紊乱、孕妇流产、死胎、胎儿畸形、生殖病变、遗传病变、癌症等可怕疾病。人在操作电脑后，脸上会吸附许多电磁辐射颗粒，经常遭辐射会出现脸部斑疹。一个人连续操作电脑工作五小时，电脑产生的低频辐射对人体的伤害，相当于一天的生命损失。

房间里电脑数量越多，摆放越密集，空气中的低频电磁辐射量越大，

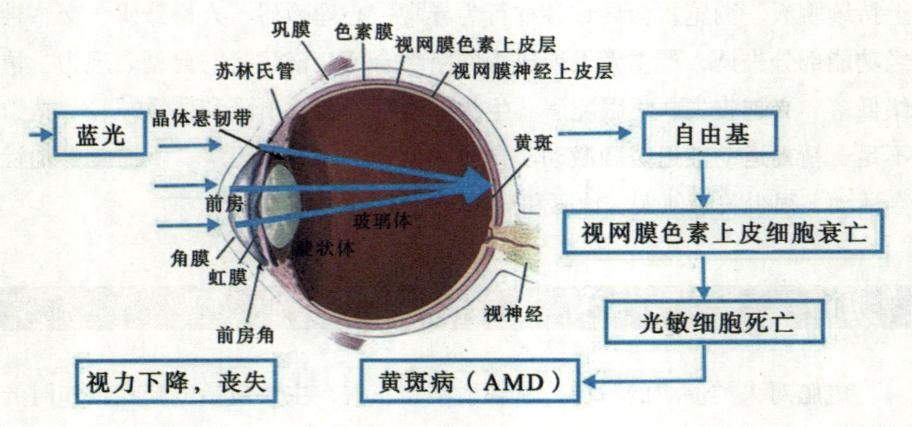

电脑辐射对眼睛的危害

对人体的伤害越大。电脑显示器（屏）的北部辐射强度大大超过显示器（屏）正面的辐射强度。有些企事业单位使用电脑的工作岗位，学校电脑教室和一些网吧前后、左右近距离横排摆放电脑，前排 人员背对着后排电脑显示器的背部，前后、左右近邻电脑，受到的伤害更大。即使在显示器上挂一个一般的“辐射防护网（板）”也只能阻挡来自显示器正面的一少部分辐射。不能解决根本问题。不少人误认为，只要用“液晶显示器”更换掉电脑上的“普通”（玻璃）显示器，就可以完全消除电脑主机、显示器、鼠标、键盘及周围相关设备上的所有辐射。其实根本不可能消除电脑整机中各部分的所有辐射，而仅仅是以高额投资减少了“显示器”上的局部辐射，但仍无法消除电脑主、鼠标、键盘及周围相关设备上的电脑辐射照样伤人的难题。

电脑的终端是监视器，它的原理和电视机一样，当阴极射线管发射出的电子流撞击在荧光屏上时，即可转变成可见光，在这个过程中会产生对人体有害的 X 射线。而且在 VDT 周围还会产生低频电磁场，长期受电磁波辐射污染，容易导致青光眼、失明症、白血病、乳腺癌等病症。据不完全统计，常用电脑的人中感到眼睛疲劳的占 83%，肩酸腰痛的占 63.9%，头痛和食欲不振的则占 56.1% 和 54.4%，其他还出现自律神经失调、抑郁症、动脉硬化性精神病等等。

使用电脑的你要注意电脑辐射的四大危害如下：

1. 电脑辐射污染会影响人体的循环系统、免疫、生殖和代谢功能，严重的还会诱发癌症、并会加速人体的癌细胞增殖。`

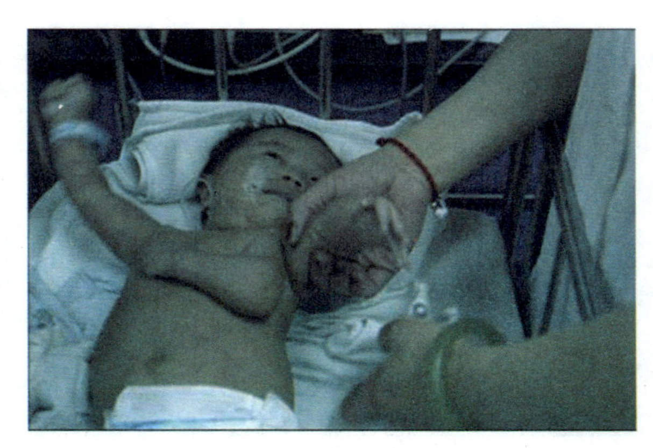
辐射导致的畸形

2. 影响人们的生殖系统主要表现为男子精子质量降低，孕妇发生自然流产和胎儿畸形等。

3. 影响人们的心血管

系统表现为心悸、失眠，部分女性经期紊乱、心动过缓、心搏血量减少、窦性心率不齐、白细胞减少、免疫功能下降等。

4. 对人们的视觉系统有不良影响由于眼睛属于人体对电磁辐射的敏感器官，过高的电磁辐射污染还会对视觉系统造成影响。主要表现为视力下降，引起白内障等。

因此，电磁辐射已被世界卫生组织列为继水源、大气、噪声之后的第四大环境污染源，成为危害人类健康的隐形“杀手”，防护电磁辐射已成当务之急。

如何使电脑辐射对人体的危害降到最低，应做到以下几点：

1. 避免长时间连续操作电脑，注意中间休息。要保持一个最适当的姿势，眼睛与屏幕的距离应在40~50厘米，使双眼平视或轻度向下注视荧光屏。

2. 室内要保持良好的工作环境，如舒适的温度、清洁的空气、合适的阴离子浓度和臭氧浓度等。

3. 电脑室内光线要适宜，不可过亮或过暗，避免光线直接照射在荧光屏上而产生干扰光线。工作室要保持通风干爽。

4. 电脑的荧光屏上要使用滤色镜，以减轻视疲劳。最好使用玻璃或高质量的塑料滤光器。

5. 安装防护装置，削弱电磁辐射的强度。

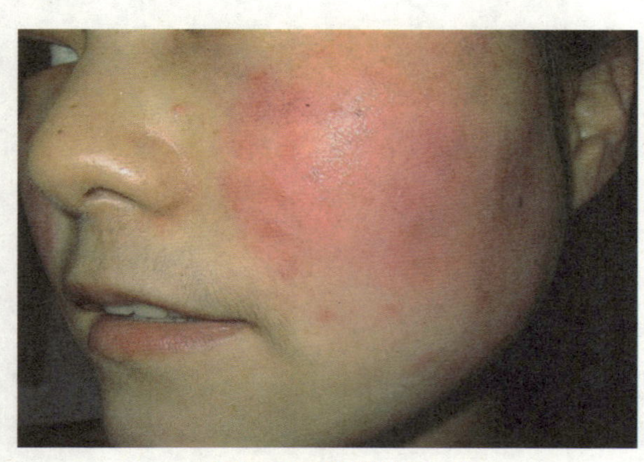

电脑辐射对皮肤的危害

6. 注意保持皮肤清洁。电脑荧光屏表面存在着大量静电，其集聚的灰尘可转射到脸部和手部皮肤裸露处，时间久了，易发生斑疹、色素沉着，严重者甚至会引起皮肤病变等。

7. 注意补充营养。电脑操作者在荧光屏前工作时间过长，视网膜上的视

紫红质会被消耗掉，而视紫红质主要由维生素A合成。因此，电脑操作者应多吃些胡萝卜、白菜、豆芽、豆腐、红枣、橘子以及牛奶、鸡蛋、动物肝脏、瘦肉等食物，以补充人体内维生素A和蛋白质。而多饮些茶，茶叶中的茶多酚等活性物质会有利于吸收与抵抗放射性物质 。

防辐射面罩

鼠标手 〉〉〉

致病原因

随着电脑的普及，越来越多的人每天长时间接触、使用电脑，这些上网一族大多每天不停地在键盘上打字和移动鼠标，手科专家认为，经常反复机械地点击鼠标，会使右手示指及连带的肌肉、神经、韧带处于一种不间歇的疲劳状态中，使腕管周围神经受到损伤或压迫，导致神经传导被阻断。从而造成手掌的感觉与运动发生障碍。另外，肘部经常低于手腕，而手高高地抬着，神经和肌腱经常被压迫，手就会开始发麻，手指失去灵活性，经常关节痛。手指频繁地用力，还会使手及相关部位的神经、肌肉因过度疲劳而受损，造成缺血缺氧而出现麻木等一系列症状。而这种病症也迅速成为一种日渐普遍的现代文明病——“鼠标手”，因为这些神经、肌肉和韧带在手掌根部都要通过一个管腔，即腕管，鼠标手在医学上也被称之为“腕管综合症”。得了这种病会出现手部逐渐麻木、灼痛、腕关节肿胀、手动作不灵活、无力等症状，到了晚上，疼痛会加剧，甚至让患者从梦中痛醒。据国外文献报道，甲状腺功能低下也可引起腕管综合症。

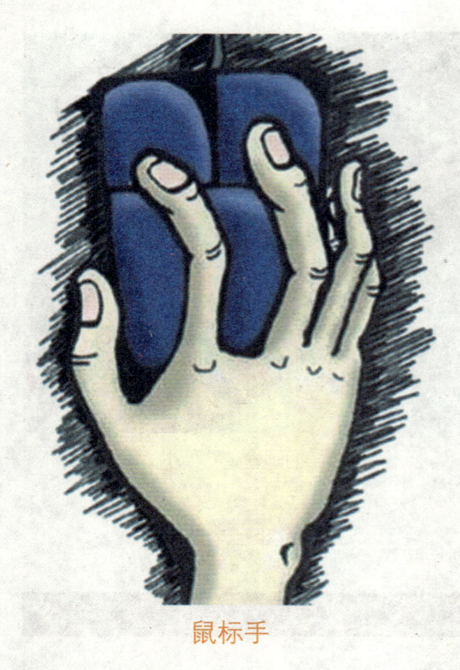
鼠标手

鼠标手症状

腕管是由腕横韧带与腕骨沟共同围成的纤维性隧道，保护着手腕的正中神经。一般手腕在正常情况下活动不会妨碍正中神经。但当你在操作电脑时，由于键盘和鼠标有一定的高度，手腕就必须背屈一定角度，这时腕部长时间处于压迫状态，压迫了腕管中的正中神经，使神经传导被阻断，同时血液供应受阻，从而造成手掌的感觉与运动发生障碍，下述的症状就会发生。

1. 手掌、手指、手腕、前臂和手肘僵直、酸痛，不适。

2. 断断续续的手指和手掌发麻、刺痛，有些病人大拇指、示指和中指麻得较厉害。

3. 握力和手部各部位协同工作能力降低。

4. 伸展拇指时不自如且有疼痛感，严重时手指和手部都虚弱无力。

5. 发麻的感觉在睡眠中和刚睡醒时较多发生，疼痛的情形在晚上会变得更严重，有时甚至会影响睡眠。

6. 疼痛可以迁延到胳膊，上背，肩部和脖子。

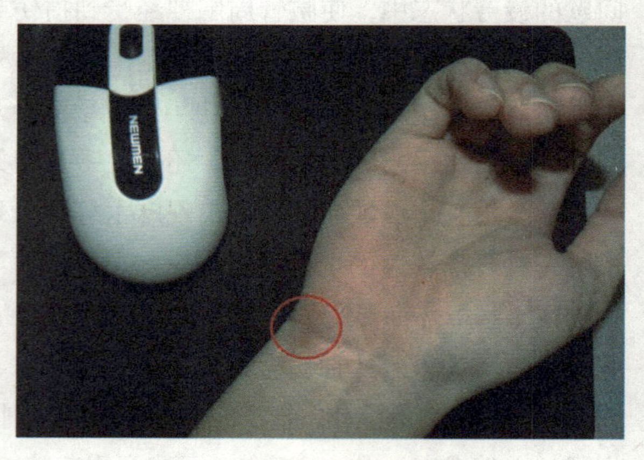

鼠标手引发的症状

鼠标手的危害

患者会感觉到手部刺痛，无力，不能握拳和抓

小物体，随着症状加重，可能会发展到不能开车和穿衣。手部肌肉变白，手部功能发生不可逆损伤。严重的可能会出现永久性手部残疾。此外，患者可能会出现反射性交感神经营养失调，其结果是患者不得不放弃与计算机有关的工作。以下统计数据来自美国劳工部：

根据美国劳工部统计，雇员上半身（如手腕、手肘、肩）的重复性劳损将近占了已报道职业病的2/3。而最常见的劳损就是鼠标手。美国劳工部宣称，鼠标手是美国20世纪90年代主要的职业病，造成相当大规模的雇员残疾。

■ 保　健

手腕保健很重要不可忽视，如果进行大运动活动必须养成带护腕的习惯，比如举重、网球、羽毛球等等。力量型训练都离不开腕部运动，不要反复性次数性太多的刺激腕部，这样容易肌腱受损或伤及腕部神经，使其失去正常稳定的转动功能。

电脑综合症

由于长时间操作电脑，不少人缺少必要的运动和休息，影响了身体健康。长期沉迷于网络，除了对人的心理造成严重的损害，还会对生理造成负面影响。由于长时间操作电脑，不少人缺少必要的运动和休息，影响了身体健康，患成电脑综合症。

■ 病理概况

电脑显示器是高亮度、有闪烁、带辐射的，长时间注视，易导致临时性近视，同时由于眨眼次数减少引发视觉疲劳，眼睛干涩、发红，有灼热感，操作时还伴有眼睑、额头部位的疼痛。使用电脑时由于人们的坐姿很少有变化，持续过久容易导致腰背肌群疲劳，严重者可造成颈椎和腰椎劳损。每天在键盘上重复工作，手腕长期、密集、反复的过度活动，会逐渐形成关节损伤，也就是人们常说的“鼠标手”。操作电脑过程中注意力高度集中，眼睛和手指快速频繁运动，生理、心理都不堪重负，从而产生头

长时间使用电脑容易诱发颈椎病

晕目眩、失眠多梦、神经衰弱、机体免疫力下降。同时，长期面对电脑工作也会对人的心理产生一定的影响，过度上网容易使人产生社会隔离感以及沮丧、孤僻、悲观等心理障碍，甚至诱发一些精神方面的疾病。“电脑综合症”对身心带来的伤害是“累积性”的，对其进行有效预防也应从生活点滴做起，才能避免引发更加严重的疾病。所谓电脑综合症即指长时间在电脑旁工作，引起了腰酸背痛、眼睛发涩、手腕酸疼等症状的一种职业病。平时因为长时间面对电脑，脖子会酸得转不动，特别难受。电脑综合症是一种现代社会常见的文明病，一般发生在长时间使用电脑者身上。有些严重的患者甚至会出现肌肉疼痛、腕关节肿胀等症状。经常操作电脑，很多人常常感到肩、腕酸胀，腰背疼痛，精神不振，头晕头痛，这就是高科技带给人们的“电脑综合症”。“电脑综合症”主要原因是长期处于某一种固定姿势操作电脑，会导致电脑操作者颈部、肩部、腰部肌群的疲劳，给频繁运动

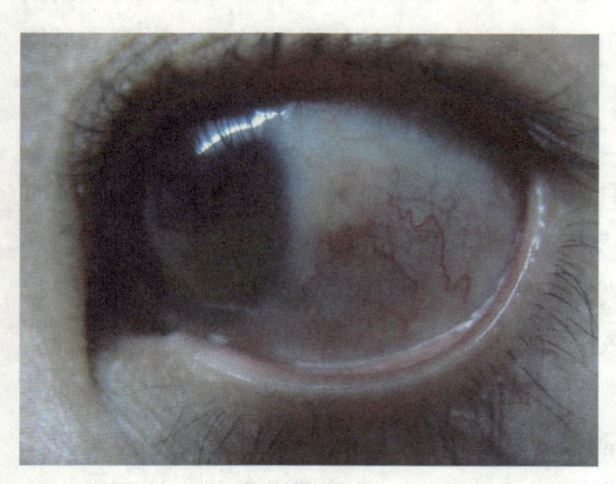
结膜炎

的手臂、手腕带来慢性劳损。

■ 表现症状

惹上角膜炎结膜炎

处于发育阶段迷恋电脑游戏的青少年，在电脑前的时间大多很长，短则四五个小时，长则十多个小时，不少人患有干眼症，又称角结膜干燥综合征，这是由于长时间注视电脑屏幕，眨眼次数减少引起的，正常人眨眼间隙大约 5 ~ 6 秒钟，而这些注意力高度集中于电脑的人，其眨眼间隙可高达 30 秒之长，而且眨眼程度不完全。这样，人眼前保护眼球的泪水被空气蒸发，导致角膜和结膜干燥，会引发角膜炎、结膜炎等一系列眼部疾病，特别是处于空调环境或配戴隐形眼镜的人，干燥症状更加明显。

脊椎变弯错位

医院门诊处接待的颈椎病人越来越低龄化，很多年轻人不过 20 多岁，却得了以前 50 多岁人的病。这是由于年轻人在电脑前坐的时间越来越长，长时间不正确姿势极易导致颈椎病变。据卫生部门一项调查表明，每天使用电脑超过 4 小时者，81.6% 的人的脊椎都出现了不同程度的侧弯。脊椎侧弯是指在两脚长短差距大于 0.3 厘米时，全身脊椎有 3 个以上脱位。电脑族脊椎侧弯部位以上段胸椎和肩胛骨为主。脊椎错位不但令关节失去功能，影响灵活性，肌肉抽紧剧痛和乏力，胸闷、脖子痛、腰痛、膝痛、脚麻等症状，甚至可能造成肌肉萎缩，由于脊椎神经受压，严重者更会令心肺等各器官功能不断衰退。

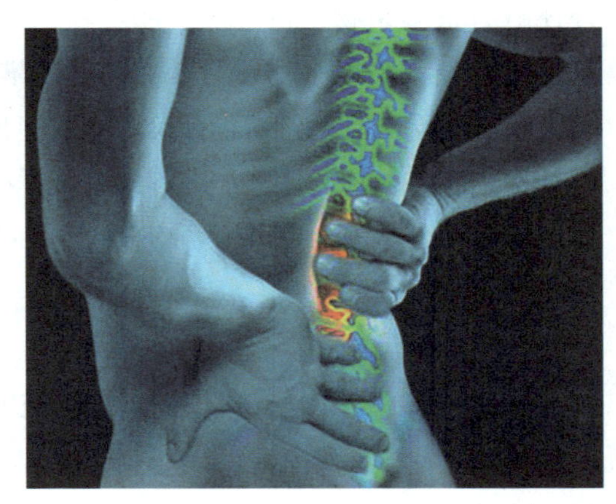

脊椎变弯错位

癫痫可能被诱发

曾经上海的一位大学生在网上连续玩了10个小时游戏后，忽然感到视线模糊、头痛、恶心，最后全身抽搐。送到上海仁济医院后，他被医生诊断为“光敏感性癫痫”。仁济医院癫痫外科诊疗中心根据对1000多例癫痫患者的临床诊疗统计表明，由长时间使用电脑、观看电视、打游戏机等诱发的癫痫病例屡见不鲜，这部分患者年龄大多集中在20余岁至40余岁之间，大约占癫痫患者的1/3左右。

研究表明，癫痫发作是由大脑皮层异常兴奋引起的，诱发因素多种多样，包括疲劳、兴奋、气味和光刺激等。其中，由闪烁的光线刺激诱发的癫痫在临床上被称为“光敏感性癫痫”。有关此类疾病的最著名事件要算1997年日本儿童的集体癫痫发作。当时，电视台播放动画片《皮卡丘》，由于画面强烈闪烁和色彩急剧变化，当晚共有近700名日本儿童因癫痫发作就诊。后来，陆续有青少年因玩电子游戏而癫痫发作，因此又有人称此类疾病为“任天堂癫痫”。

长期使用的键盘沾满灰尘和细菌

键盘细菌

如果说电脑键盘是一个新的垃圾场，一点不过。用力磕打办公室里的一副电脑键盘，发现除灰尘之外还藏有很多杂物：饼干屑、咖啡粉、橡皮屑、头发等等。有资料显示，这类键盘垃圾是以平均每月2克的速度堆积而成的。此外，键盘上还潜伏着大量肉眼看不到的细菌。有人将三副键盘，分别来自家庭、办公室、网吧，将其送到医院的检验中心，进行细菌采样分析。一天后的细菌计数结果为，家用键盘：每毫升100个；办公键盘：每毫升1000个；网吧键盘，每毫升2000个。

■ 发病人群

记者、编辑、网络设计师、打字员以及整天呆在公司的白领等长期以电脑为主要工具的人群属“电脑病”的高危人群，这主要由于他们的工作和电脑分不开。另外，一些妇女、儿童，尤其是沉湎于网吧的青少年，也

是电脑病的高发人群，因为他们的抵抗力比较低，长期面对电脑更容易得电脑病，对他们的健康成长非常不利。

漫画：网络成瘾的危害

网络成瘾综合症

网络成瘾综合症（internet addiction disorder，简称 IAD），是指在无成瘾物质作用下的上网行为冲动失控。网络成瘾的起因应追溯到口唇期，婴儿通过哺乳期得到精神上的满足，并保留了对代表母爱的温暖、关怀、安全等美好感觉的回忆和思念，而患者通过上网，重新获得这种从口唇期结束后就似乎消失而又隐藏在潜意识中的满足感。成年后，当遇到挫折，如学业上失败、工作上的失落、社会交往恐惧、失恋、家庭打击等，为了寻求解脱，而沉溺于网络之中，使这种埋藏在潜意识中的压抑得到释放。

未来计算机与计算机技术

计算机的关键技术继续发展 〉〉〉

未来的计算机技术将向超高速、超小型、平行处理、智能化的方向发展。尽管受到物理极限的约束，采用硅芯片的计算机的核心部件 CPU 的性能还会持续增长。作为摩尔定律驱动下成功企业的典范英特尔在 2001 年推出 1 亿个晶体管的微处理器，在 2010 年推出集成 10 亿个晶体管的微处理器，其性能为 10 万 MIPS（1000 亿条指令 / 秒）。而每秒 100 万亿次的超级计算机已出现在21世纪初出现。超高速计算机将采用平行处理技术，使计算机系统同时执行多条指令或同时对多个数据进行处理，这是改进计算机结构、提高计算机运行速度的关键技术。

同时计算机将具备更多的智能成分，它将具有多种感知能力、一定的思考与判断能力及一定的自然语言能力。除了提供自然的输入手段（如语音输入、手写输入）外，让人能产生身临其境感觉的各种交互设备已经出现，虚拟现实技术是这一领域发展的集中体现。

传统的磁存储、光盘存储容量继续攀升，新的海量存储技术趋于成熟，新型的存储器每立方厘米存储容量可达10TB（以一本书30万字计，它可存储约1500万本书）。信息的永久存储也将成为现实，千年存储器正在研制中，这样的存储器可以抗干扰、抗高温、防震、防水、防腐蚀。如是，今日的大量文献可以原汁原味保存，并流芳百世。

新型计算机系统不断涌现

硅芯片技术的高速发展同时也意味着硅技术越来越近其物理极限，为此，世界各国的研究人员正在加紧研究开发新型计算机，计算机从体系结构的变革到器件与技术革命都要产生一次量的乃至质的飞跃。新型的量子计算机、光子计算机、生物计算机、纳米计算机等将会在21世纪走进我们的生活，遍布各个领域。

量子计算机

量子计算机是基于量子效应基础上开发的，它利用一种链状分子聚合物的特性来表示开与关的状态，利用激光脉冲来改变分子的状态，使信息沿着聚合物移动，从而进行运算。

量子计算机处理器

量子计算机中数据用量子位

存储。由于量子叠加效应，一个量子位可以是 0 或 1，也可以既存储 0 又存储 1。因此一个量子位可以存储 2 个数据，同样数量的存储位，量子计算机的存储量比通常计算机大许多。同时量子计算机能够实行量子并行计算，其运算速度可能比目前个人计算机的 Pentium Ⅲ 晶片快 10 亿倍。目前正在开发中的量子计算机有 3 种类型：磁共振（NMR）量子计算机、硅基半导体量子计算机、离子阱量子计算机。预计 2030 年将普及量子计算机。

光子计算机

光子计算机即全光数字计算机，以光子代替电子，光互连代替导线互连，光硬件代替计算机中的电子硬件，光运算代替电运算。

与电子计算机相比，光计算机的“无导线计算机”信息传递平行通道密度极大。一枚直径 5 分硬币大小的棱镜，它的通过能力超过全世界现有电话电缆的许多倍。光的并行、高速，天然地决定了光计算机的并行处理能力很强，具有超高速运算速度。超高速电子计算机只能在低温下工作，而光计算机在室温下即可开展工作。光计算机还具有与人脑相似的容错性。系统中某一元件损坏或出错时，并不影响最终的计算结果。

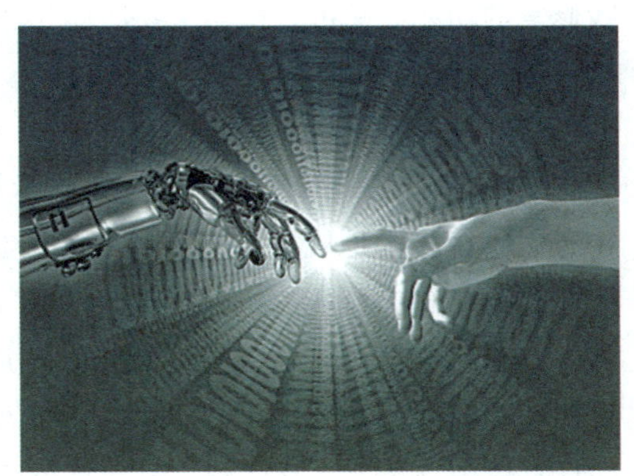

光子计算机示意图

目前，世界上第一台光计算机已由欧共体的英国、法国、比利时、德国、意大利的 70 多名科学家研制成功，其运算速度比电子计算机快 1000 倍。科学家们预计，光计算机的进一步研制将成为 21 世纪高科技课题之一。

生物计算机（分子计算机）

生物计算机的运算过程就是蛋白质分子与周围物理化学介质的相互作用过程。计算机的转换开关由酶来充当，而程序则在酶合成系统本身和蛋白质的结构中极其明显地表示出。

20 世纪 70 年代，人们发现脱氧核糖核酸（DNA）处于不同状态时可以代表信息的有或无。DNA 分子中的遗传密码相当于存储的数据，DNA 分子间通过生化反应，从一种基因代玛转变为另一种基因代码。反应前的基因代码相当于输入数据，反应后的基因代码相当于输出数据。如果能控制这一反应过程，那么就可以制作成功 DNA 计算机。

蛋白质分子比硅晶片上电子元件要小得多，彼此相距甚近，生物计算机完成一项运算，所需的时间仅为 10 微微秒，比人的思维速度快 100 万倍。DNA 分子计算机具有惊人的存贮容量，1 立方米的 DNA 溶液，可存储 1 万亿亿的二进制数据。DNA 计算机消耗的能量非常小，只有电子计算机的十亿分之一。由于生物芯片的原材料是蛋白质分子，所以生物计算机既有自我修复的功能，又可直接与生物活体相联。预计 10 ~ 20 年后，DNA 计算机将进入实用阶段。

纳米计算机

“纳米”是一个计量单位，一个纳米等于 10^{-9} 米，大约是氢原子直径的 10 倍。纳米技术是从 80 年代初迅速发展起来的新的前沿科研领域，最终目标是人类按照自己的意志直接操纵单个原子，制造出具有特定功能的产品。

现在纳米技术正从 MEMS（微电子机械系统）起步，把传感器、电动机和各种处理器都放在一个硅芯片上而构成一个系统。应用纳米技术研制的计算机内存芯片，其体积不过数百个原子大小，相当于人的头发丝直径的千分之一。纳米计算机不仅几乎不需要耗费任何能源，而且其性能要比今天的计算机强大许多倍。

纳米计算机

目前，纳米计算机的成功研制已有一些鼓舞人心的消息，惠普实验室的科研人员已开始应用纳米技术研制芯片，一旦他们的研究获得成功，将为其他缩微

计算机元件的研制和生产铺平道路。

互联网络继续蔓延与提升 〉〉〉

今天人们谈到计算机必然地和网络联系起来，一方面孤立的未加入网络的计算机越来越难以见到，另一方面计算机的概念也被网络所扩展。20世纪90年代兴起的Internet在过去如火如荼地发展，其影响之广、普及之快是前所未有的。从没有一种技术能像互联网一样，剧烈地改变着我们的学习、生活和习惯方式。全世界几乎所有国家都有计算机网络直接或间接地与互联网相连，使之成为一个全球范围的计算机互联网络。人们可以通过互联网与世界各地的其他用户自由地进行通信，可从互联网中获得各种信息。

人们已充分领略到网络的魅力，互联网大大缩小了时空界限，通过网络人们可以共享计算机硬件资源、软件资源和信息资源。“网络就是计算机”的概念被事实一再证明，被世人逐步接受。

在未来10年内，建立透明的全光网络势在必行，互联网的传输速率将提高100倍。在互联网上进行医疗诊断、远程教学、电子商务、视频会议、视频图书馆等将得以普及。同时，无线网络的构建将成为众多公司竞争的主战场，未来我们可以通过无线接入随时随地连接到互联网上，进行交流、获取信息、观看电视节目。

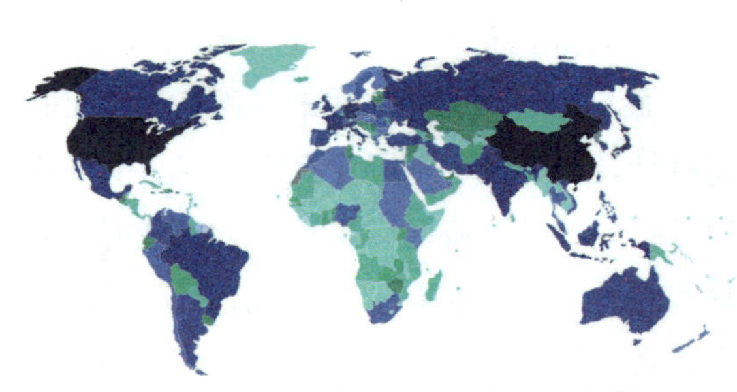
2006年4月全球各国互联网用户数量

移动计算技术与系统 〉〉〉

随着互联网的迅猛发展和广泛应用、无线移动通信技术的成熟以及计算机处理能力的不断提高，新的业务和应用不断涌现。移动计算正是为提高工作效率和随时能够交换和处理信息所提出，业已成为产业发展的重要方向。

移动计算包括三个要素：通信、计算和移动。这三个方面既相互独立又相互联系。移动计算概念提出之前，人们对它们的研究已经很长时间了，移动计算是第一次把它们结合起来进行研究。它们可以相互转化，例如，通信系统的容量可以通过计算处理（信源压缩，信道编码，缓存，预取）得到提高。

移动性可以给计算和通信带来新的应用，但同时也带来了许多问题。最大的问题就是如何面对无线移动环境带来的挑战。在无线移动环境中，信号要受到各种各样的干扰和衰落的影响，会有多径和移动，给信号带来时域和频域弥散、频带资源受限、较大的传输时延等等问题。这样一个环境下，引出了很多在移动通信网络和计算机网络中未遇到的问题。第一，信道可靠性问题和系统配置问题。有限的无线带宽、恶劣的通信环境使各种应用必须建立在一个不可靠的、可能断开的物理连接上。在移动计算网络环境下，移动终端位置的移动要求系统能够实时进行配置和更新。第二，为了真正实现在移动中进行各种计算，必须要对宽带数据业务进行支持。第三，如何将现有的主要针对话音业务的移动管理技术拓展到宽带数据业务。第四，如何把一些在固定计算网络中的成熟技术移植到移动计算网络中。

面向全球网络化应用的各类新型微机和信息终端产品将成为主要产品。便携计算机、数字基因计算机、移动手机和终端产品，以及各种手持式个人信息终端产品，将把移动计算与数字通信融合为一体，手机将被嵌入高性能芯片和软件，依据标准的无限通信协议（如蓝牙）上网，观看电视、收听广播。在互联网上成长起来的新一代自然不会把汽车仅作为代步工具，汽车将向用户提供上网、办公、家庭娱乐等功能，成为车轮上的信息平台。

跨入新世纪的门槛，畅想未来之时，我们不妨回顾本世纪人们对计算机的认识。1943 年 IBM 总裁托马斯·沃森说“我认为全世界市场的计算机需求量约为 5 台”。1957 年美国 PrenticeHall 的编辑撰文“我走遍了这个国家并和许多最优秀的人们交谈过，我可以确信数据处理热不会热过今年”。1968 年 IBM 的高级计算机系统工程师的微晶片上注解“但是……它究竟有

什么用呢？”。1977 年数字设备公司的创始人和总裁凯·政森说“任何人都没有理由在家里放一台计算机”。愿我们的所言也将被证明是肤浅的、保守的。

Hanbit 公司移动互联网设备 MID

云计算

云计算，是一种基于互联网的计算方式，通过这种方式，共享的软硬件资源和信息可以按需提供给计算机和其他设备。整个运行方式很像电网。云计算是继 20 世纪 80 年代大型计算机到客户端－服务器的大转变之后的又一种巨变。用户不再需要了解“云”中基础设施的细节，不必具有相应的专业知识，也无需直接进行控制。云计算描述了一种基于互联网的新的 IT 服务增加、使用和交付模式，通常涉及通过互联网来提供动态易扩展而且经常是虚拟化的资源。云其实是网络、互联网的一种比喻说法。因为过去在图中往往用云来表示电信网，后来也用来表示互联网和底层基础设施的抽象。典型的云计算提供商往往提供通用的网络业务应用，可以通过浏览器等软件或者其他 Web 服务来访问，而软件和数据都存储在服务器上。云计算关键的要素，还包括个性化的用户体验。